AF461336

LETTRES
SUR
L'HISTOIRE NATURELLE
DE
L'ISLE D'ELBE
ECRITES
A
SON EXCELLENCE
MONSIEUR
LE COMTE DE BORCH

Chef de la première Compagnie de la Cavallerie Noble du Grand Duché de Lithuaie, Starofte de Ludzen, Chevalier de l'Ordre Religieux Militaire de St. Jean de Malthe, Membre de plusieurs Academies &c. &c.

PAR

CHARLES HENRI KOESTLIN

Docteur en Philofophie et Candidat en Médecine, Membre de l'Academie d'Agriculture à Florence et de la Societe Allemande à Jene.

--- *Ilva*
Infula inexhauftis chalybum generofa metallis.
Virgile Aeneid. X. v. 170.

VIENNE,
CHEZ JEAN PAUL KRAUS 1780.

SOMMAIRE

DU CONTENU DE CES LETTRES.

LETTRES SUR L'HISTOIRE NATURELLE DE L'ISLE D'ELBE.

PREMIERE LETTRE.

Vienne le 25. Janvier 1779.

Monsieur le Comte.

Me voici enfin arrivé à Vienne de retour d'Italie; où j'ai fait un voyage très agréable et très intéressant. Ma première occupation et celle qui me tient le plus à coeur, est de mettre en ordre mes observations sur l'Isle d'Elbe, que je n'ai pû vous livrer qu'impárfaitement dans les lettres que j'ai eu l'honneur de Vous écrire dans le tems. J'obeïs en cela aux ordres que Vous m'avez donnés; mais qu'il me soit permis en même tems de Vous

 temoig-

temoigner la crainte que j'ai de Vous voir blamer mon ouvrage, quand Vous le verrez dans tout ſon entier; quoique Vous vouliez bien avec indulgence applaudir à mes efforts dans le commencement de cette entrepriſe. Cependant les marques flatteuſes de la bienveillance dont Vous m'avez toujours comblé, et que j'eſpere que Vous me voudrez bien continuer, me font croire, que Vous receverez ces obſervations comme une preuve de mon Zele, de mon application et comme les premiers efforts d'un jeune Naturaliſte à peine entré dans la carriere.

En Vous préſentant ces Obſervations ſur l'Isle d'Elbe, je ſatisfais à Votre curioſité, en Vous rendant compte de tous les pas que j'ai faits dans cette Isle depuis que Vous en êtes parti, et je m'acquitte en même tems de l'agréable dette que Vos bontés m'ont fait contracter à Votre égard par Vos gracieuſes recommandations au Gouverneur et aux Intendants de l'Isle.

Je commencerai par mes remarques minéralogiques, aux quelles je joindrai quelques obſe-

obſervations detachées ſur d'autres objets relatifs à l'Hiſtoire Naturelle de l'Isle d'Elbe.

Toute l'Isle eſt montagneuſe comme Vous l'avez vûe dans les environs de Portoferrajo, de Rio et de Capoliveri. Mais ces montagnes ſont d'une nature bien différente et me ſemblent aſſez interreſſantes pour la Geographie phyſique, pour que je Vous en donne une deſcription détaillée ſelon les différentes routes que j'ai faites. *)

*) L'Isle d'Elbe eſt une petite Isle de la mer mediterranée entre la Corſe et la Toſcane. Elle fût appellée *Ilva* par les Romains et Αεδαλια par les Grecs. Elle a environ 60 milles florentins de circuit (3 milles florentins font une lieüe de France ou 6 une lieue d'Allemagne) et on y comte 6 à 7000 habitans. Elle a été donnée enſief aux Princes de Piombino par l'Eſpagne, excepté *Porto longone*, fortereſſe que les Eſpagnols ſe ſont reſervée et qui eſt gardée par des ſoldats Napolitains. Les Grands Ducs de Toſcane ayant été tuteurs des Princes de Piombino ſe ſont fait abandonner Portoferrajo le meilleur endroit de l'Isle. Les autres

Porto ferrajo ou nous debarquâmes en venant de Livourne eſt bati avec ſes deux forterreſſes, appellées la *Stella* et le *Falcone*, ſur une colline calcaire, formée de pierres calcaires griſes ſchiſteuſes d'un grain fin et ſerré, qui ont fréquemment de beaux dendrites formés par de petites feuilles de ſpath calcaire fer-

rugi-

endroits qui ne ſont que de ſimples villages appartiennent au Prince de Piombino, ſavoir *Rio*, fameux par ſes mines de fer, *Capolivari*, *Marciana*, *Poggio*, *S. Piero* et *S. Ilario in Campo*. Les premiers habitans de l'Isle ſelon Celeteuſo c'étoient les Volterrains, qui en étoient poſſeſſeurs du tems que Noè ou Giano fonda Volterre, Capitale et principale Ville de toute l'Italie à ce que rapporte Caton. Il faut conclure auſſi d'apres Virgile et Strabon que cette Isle a été habitée avant la fondation de Rome. Il m'a été impoſſible de trouver une charte geographique exacte de cette Isle. Celleque je donne ici eſt la même qu'a donné le Pere *Pini* dans ſes Oſſervazioni ſopra la miniera di Ferro di Rio, Milano 8. 1778. Elle devroit être meilleure; mais je la crois ſuffiſante pour l'intelligence de ces lettres.

rugineux. Cette colline calcaire eſt aſſiſe ſur un ſchiſte argilleux gris, comme on peut le voir du coté de la mer.

En allant de *Portoferrajo* à *Rio* on voit en ſortant de la porte à main droite une petite colline d'une argille blanche et jaunâtre melée d'une quantité de petits morceaux cubiques et irréguliers de quarz et de feld-ſpath rougeâtre. Quoique cette argille affecte d'abord les qualités et la dureté d'une pierre on en peut pourtant détacher facilement des morceaux, qui dans la fracture ſont jaunâtres. Elle s'eſt même metamorphoſée en pluſieurs endroits en une vraie terre argilleuſe dans laquelle on cultive des vignes et ou on peut appercevoir de petits criſtaux de quarz qui ne ſont pas encore tout à fait changés en argille. Il eſt probable que cette colline n'étoit autrefois que du granit qui a été décompoſé par un acide. Je n'ai pû obſerver jusqu'où ce changement à penetré et s'il y a du vrai granit dans l'intérieur de la colline. Je parlerai de ces décompoſitions de granit dans la ſuite et je me contente d'indiquer à préſent, que cette colline ſemble avoir communication avec les grandes montagnes de granit, qui commencent plus vers Marciana et qué le granit s'eleve ici feulement un peu au deffûs de la terre.

Plus avant vers Rio, marchant le long des marais falans dans le baffin de Portoferrajo, appartenans au Grand Duc de Tofcane *) on laiffe à la droite des collines et des montagnes formées par un fchifte argilleux gris, qui dans le fommet eft communément couvert de pierres calcaires grifes et bleuâtres.

Avant d'arriver à Rio, qui eft à 5. milles de Portoferrajo, il faut paffer une montagne formée par un fchifte argilleux gris qui à par ci par là de petites veines de quarz blanc. On le trouve rarément micacé. Ses couches font d'une groffeur de plufieurs pouces et quelquefois de moins, et fe réduifent à la furface de la terre communément en petites feuilles. Quant à la direction des couches elle varie beaucoup. Il y en a qui font horizontalés, mais

*) Ces marais donnent annuellement furtout dans les tems chauds environ 60000 facs de fel, chacun contenant 200 Livres de Tofcane.

mais la plûpart ſont ordulantes et inclinées et font quelquefois des inclinaiſons ſi grandes qu'elles deviennent presque perpendiculaires. On en trouve auſſi qui ſont très fort inclinées en directions oppoſées. La partie ſuperieure de la montagne eſt prèsque par tout couverte de pierres calcaires griſes et bleuâtres, nommément l'endroit où eſt la tour *Volterraio*. Là où la pierre calcaire commence, elle ſe trouve quelquefois mélangée avec le Schiſte tantôt en veines, tantôt les parties calcaires et argilleuſes ſe voient mêlées enſemble de ſorte qu'il forment une marne, et s'il ſe rencontre du mica dans le momment de l'aggregation, le mélange durci compoſe une pierre nommée *Macigno* par les Florentins.

Ce ſchiſte, dont je viens de parler, forme une grande partie des montagnes de l'Isle ou plutôt il en forme la baſe. Il eſt appellé par les habitans *pietra cottellina* et Mr. *Tronſon du Coudray* l'a nommé dans ſon memoire ſur les mines de l'Isle d'Elbe *pierre à raſoir.* *)

 Rio,

*) Journal de Phyſique de Mr. l'Abbé Rozier T. 4.

Rio, eſt de L'autre coté ſur le panchant de la montagne, c'eſt cet endroit que j'ai choiſi pour centre de toutes mes courſes et c'eſt de là que j'ai fait différents voyages dans le ſein de l'Isle pour mieux en examiner la nature. Voici les réſultats des mes obſervations et premièrement les varietés du terrein jusqu'au mont *Giove*.

La baſe du talus de la montagne, ſur la quelle il faut paſſer eſt toujours le même ſchiſte argilleux, que j'ai deja decrit. Le ſchiſte ſe trouve en pluſieurs endroits par exemple proche de *l'Aqua viva* et à *Sta Catarina* couvert d'un Serpentin verd et bleuâtre en maſſes. Ce ſerpentin a peu de dureté, et ſe laiſſe facilement caſſér en petits morceaux concaves et convexes; cependant il m'a parû, que plus il s'eloignoit de la ſurface de la terre plus il s'endurciſſoit. La ſubſtance en eſt lamelleuſe, gliſſante et un peu brillante; il a beaucoup de taches blanches ſtéatitiques, qui ſont quelques fois fibreuſes principalement à la ſurface. C'eſt ce qui a peut être donné occaſion aux habitans de dire, que c'eſt de l'amiante qui n'eſt pas encore

encore parvenu à maturité. Auroient - ils tort? On trouve au moins dans ces endroits et dans plusieurs autres lieux de l'Isle de l'amiante qui est encore quelque fois attaché au Serpentin. *) Près de ce Serpentin aux environs de Sta. Catarina on trouve aussi du Talc stéatite blanc en morceaux detachés (*Talcum ungue rasile albo inquinans* de *Mr. de Linné* ou *Creta hispanica*). C'est *la pietra di Sarto* des Italiens, et il est tout à fait semblable à celui, qu'on trouve dans le *Monte Nero* près de Livourne. **)

Plus avant vers le mont Giove apres avoir passé Sta. Catarina on trouve une carriere qu'on appelle la *Cava di marmo mischio*, quoique ce ne soit pas du marbre, car à dire le vrai c'est du Serpentin verd et noirâtre mêlé de beau-

*) Ce serpentin est attirable à l'aimant, comme aussi le Serpentin de Siene, et le *Gabbro* (serpentin) de Florence ou plutôt de Pistoija d'après l'observation de Mr. Deromé Delisle.

**) Lettres sur la Mineralogie d'Italie de Mr. Ferber. traduites de l'allemand par Mr. le Baron de Dietrich. p. 436.

beaucoup petites veines de Spath calcaire blanc ou d'une eſpèce de pierre qu'on appelle en Italie *Polzevera.* Cette pierre eſt fort dure et prend un beau poli. Je l'ai vû employer dans le beau chateau du Roi de Naples à Caſerte, et à Rome elle eſt connue ſous le nom de marbre de Piombino. *) Cependant cette carriere de Polzevera eſt prèsque tout à fait négligée, parceque la ſituation n'en eſt pas favorable pour le transport des pierres taillées, et on peut ſe procurer plus facilement la même pierre en d'autres endroits d'Italie. Cette Polzevera comme auſſi le Serpentin dont j'ai parlé ſont communément couverts de pierres calcaires griſes et blanches veinées quelques fois de ſpath calcaire blanc.

Le mont Giove eſt plus haut que les autres montagnes des environs. Le ſchiſte argilleux en eſt auſſi la baſe, mais le ſommet eſt formé par un quarz blanc qui eſt extremement dur. Ce quarz ſe trouve là en grands rochers et

*) Mr. *Ferber* en fait mention ſous le titre de marmo bianc'e nero di Portoferrajo. Lettres, page 390.

et en grands blocs detachés qui ont souvent une forme à peu près parallélepipédique et qui sont couverts De différentes sortes de Lichen. Sur le sommet on y voit une tour qu'on appelle le *Giove*, parce que les habitans sont dans l'opinion qu'il y a eû là autrefois un temple consacré à Jupiter Ammon; mais du premier abord on reconnoît aisément que ce n'est qu'une fortification detruite. La Tour et les murailles qui envirronnent les fossés sont construites de pierres calcaires, parceque apparemment le quarz sur lequel elles sont baties étoit trop dur pour l'employer à cet usage.

Le mont *Giove* est atténant d'un coté par sa base à la montagne d'où l'on tire la fameuse mine de fer de Rio, mais comme je me propose de Vous décrire plus au long cette montagne dans une lettre particulière, je reviens au sujet principal, et je vais Vous indiquer mes routes de Rio à Portolongone et à Capoliveri. Tout près de Rio et plus avant il y a aussi sur le schiste argilleux, qui forme toujours la base de ces montagnes, en plusieurs endroits de ce serpentin que j'ai décrit plus haut,

haut, et les ſommets de ces montagnes ou même ſeulement les cotés ſont couverts de pierres calcaires. C'eſt de cette nature que ſont toutes les montagnes et collines de Rio jusqu'à la montagne de Capoliveri, excepté que tout proche de Portolongone il y a une colline formée par un quarz gris qui eſt moins dur que le quarz blanc de Giove et qu'on employe pour batir. J'y ai vû travailler des forçats Napolitains pour la forterelſe de Portolongone. Cette colline eſt couverte immédiatement de terre végétale, elle eſt elevée environ ſix toiſes au deſſûs du niveau de la mer. La forteresſe de Portolongone même m'a parû être batie ſur une continuation de cette colline, mais je n'ai pû obſerver ſi elle eſt aſſiſe ſur le ſchiſte ou non.

Il faut encore obſerver, que dans cette route pas loin de Rio on m'a montré un endroit d'où on a tiré autrefois, à ce qu'on m'a dit, du cuivre. Cet endroit eſt dans le ſchiſte argilleux, qui y eſt mélé de petites feuilles talcqueuſes, laiſſantes. Je n'y ai pû remarquer rien de plus; car on a ruiné tout à fait les ſouter-

souterrains qui y étoient. Cependant il doit y avoir eu autrefois des mines de cuivre dans l'Isle d'Elbe d'après ce qu'en dit Aristote:

„In *Etruria ferunt insulam esse quam* „ *Aethaliam hodie vocant, in qua aerifodi*- „ *na est, unde aes eruitur, omne scilicet il*- „ *lud ex quo isthuc aerea vasa constantur.* „ *Deficere autem nec reddere quidquam ali*- „ *quamdiu: caeterum temporum procursu non* „ *aes, ut ante, sed ferrum provenire, id* „ *nempe quo etiamnum utuntur, Populcrum* „ *incolae vocant. Arist.* περι θαυμασιων ακουσ- „ μαλων.

La montagne sur laquelle Capoliveri est situé est formée par le schiste argilleux, sur lequel on trouve par-ci par là des pierres calcaires schisteuses. Sur la hauteur de la montagne, avant d'arriver à Capoliveri, on voit paroitre la même argille blanche durcie et mêlée du quarz, qui se trouve près de Portoferrajo et dont j'ai parlé dans le commencement de ma lettre. Il y en a aussi des morceaux dispersés dans les champs, et les habitans en ont entassé beaucoups à coté du chemin. Il faut avouer

avouer que j'étois très étonné d'y trouver cette pierre et que ce phénomène a attiré toute mon attention. Je Vous avois dit, qu'il me sembloit très probable, que cette pierre n'étoit autre chose que du granit changé en argille. Peut etre que je me suis trompé. Cépendant je ne puis encore quitter ce sentiment, car les qualités de cette pierre et le changement evident du granit en argille, que j'ai observé dans les grandes montagnes de granit de nòtre Isle, et dont je parlerai dans la suite, m'en ont convaincu. Mais comment le granit décomposé sur la montagne de Capoliveri seroit-il donc couché sur le schiste argilleux? N'est il pas notoire qu'on n'a jamais observé le granit véritablement couché sur le schiste argilleux, et qu'on regarde par cette raison les montagnes de granit comme plus anciennes que celles de schiste. — Une vérité, que je crois confirmée de nouveau par mes observations sur cette Isle. — Mais mon étonnement la dessûs a disparû en voyant clairement en plusieurs endroits, que le schiste n'est pas couché sous le granit, mais qu'il est seulement adossé sur le

pan-

panchant du granit, et en considerant, qu'il est possible que le schiste argilleux puisse tout à fait envirronner les montagnes de granit, de sorte qu'il semble que toute la montagne en soit formè, tandis que le schiste n'en forme que l'ecorce et que le granit en fait le noyeau.

A. Capoliveri on m'a donné du *Serpentino verde antico* avec de taches paralléle pipédiques d'un verd clair (*Cronstedt Mineral.* §. 264. nr. 1.) On l'avoit ramassé dans les environs de Capoliveri. Pour moi je n'en ai pas trouvé moi même. On m'a donné aussi là de l'amiante verd asis sur du serpentin, qui est aussi des environs de Capoliveri.

La montagne d'aimant (*monte della calamita*) où la continuation de la montagne de Capoliveri conduit est à 5. milles de Capoliveri. Le base en est aussi formée par le schiste argilleux, et elle est couverte ça et là de pierres calcaires. Mr. le Baron de *Dietrich* a dit dans les notes, dont il a enrichi sa traduction des lettres mineralogiques sur l'Italie de Mr. *Ferber*, que c'etoit la montagne la plus haute de l'Isle, mais les montagnes de granit à Marciana ſont d'une hauteur encore plus conſiderable. Presque au ſommet de la montagne on laiſſe à droite du chemin un grotte formée par des pierres calcaires, dans Laquelle il s'attache du Vitriol verd aux parois.

Une grande partie du monte della Calamita ne ſemble être composé que de pierres d'aimant, ou au moins de la même eſpece de mine de fer de laquelle la pierre d'aimant eſt Composée. Mais c'eſt ſur les bords eſcarpés de la mer, que l'on cherche les bons aimants. Là et environs à deux milles de la place où on les trouve la montagne eſt couverte de grands morceaux de pierres ferrugineuſes qui reſſemblent à une mine de fer en roche. J'en ai vû plusieurs morceaux qui ſemblent avoir ſubi l'action du feu. Peut être que toutes ces roches étoient de pierre d'aimant, mais que les rayons du ſoleil ou le feu de ronces, que les habitans brulent ſur ce terrein leur a enlevé leur magnetiſme, car quand on expoſe la pierre d'aimant la plus forte au feu elle perd toute ſa vertu magnetique. Les bonnes pierres d'aimant il faut là chercher plus avant dans la terre re avec une hoüe, *) et la terre ferrugineuſe qui environne les bonnes pierres d'aimant eſt auſſi magnetique, et c'eſt à quoi on les reconnoît tout ſuite, quand cette terre s'attache fortement en forme de pinceaux à la hoüe. J'ai obſervé qu'une groſſe pierre d'aimant peut être très forte, tandis qu'on la laiſſe attachée où on là trouvée, mais qu'auſſitôt, qu'on la prend dehors et qu'on la ſépare de la montagne, ou qu'on en caſſe un morceau, elle perd toute ſa vertu. La pierre daimant qu'on trouve là eſt le *Magnes colore fuſco vel rubente* de *Mr. Wallerius.* Je me ſuis avancé avec une bouſſole vers pluſieurs grandes pierres d'aimant, qui étoient encore dans leur ſituation naturelle. L'eguille faiſoit premierent des mouvements irreguliers, mais étant plus proche elle ſe portoit entièrement au midi avec une grande inclinaiſon vers le Nord. Les

 pierres

*) On a obſervé juſtement le contraire ſur d'autres montagnes d'aimant; par exemple Mr. Gmelin rapporte des montagnes d'aimant de la Siberie que les aimants les plus forts ſont ceux, qui ſont le plus expoſés à l'air.

pierres d'aimant vers les quelles je m'avancois etoient au midi. Il femble donc que le pole du Nord des pierres d'aimant de la montagne ait fa direction vers le midi, car il eft connu que les poles homogenes de l'aimant fe repouffent et que le feule pole du Nord d'un aimant tire le pole du Sud de l'autre. Mais peut-être que cela n'eft pas conftant dans toutes les pierres d'aimant de la montagne. On a prétendu, que les bouffoles des navires qui cotoyent l'Isle d'Elbe déclinoient en paffant devant cette montagne. Mr. *du Coudray* rejette abfolument cette opinion, mais la raifon qu'il en donne eft fondée fur une fauffe idée, comme l'a deja prouvé Mr. le Baron de *Dietrich*. *) Moi je ne voudrois pas tout à fait rejetter cette opinion, mais je crois cependant que les navires devroient être bien proche pour que le monte della calamita pût faire un changement fenfible dans la bouffole; car j'ai obfervé qu'à une certaine diftance de la montagne ma bouffole ne déclinoit plus. La grande affinité qu'a la matiere magnetique avec l'éle-

*) Lettres de Mr. Ferber p. 445.

l'électricié m'a fait demander aux paisans si les environs de Capoliveri n'étoient pas beaucoup sujets aux orages; ils m'ont repondu qu'oui, mais qu'ils n'avoient point remarqué de particularités la dessûs. Cependant ne seroit il pas probable que plusieurs pierres d'aimant qu'on trouve en differents pais, ayent pû acquerir leur magnetisme par l'électricté de l'air principalement par les foudres, et que la nature puis se produire par ce moyen tous les jours des pierres d'aimant? On n'en peut pas douter en voyant, que la foudre ne change pas seulement le fer en aimant, mais qu'il change aussi des terres qui ne contiennent que peu de par celles ferrugineuses. Le celebre Pere *Beccaria* à Turin a observé que la foudre tombant dans une maison a donné la vertu magnetique aux briques et à d'autres pierres dans les murailles. J'ai vu chez lui beaucoups de ces pierres dont chacune avoit ses deux poles. Mr. Beccaria a écrit un memoire sur cette observation, qui est inseré dans les Opuscoli scelti de Milan. Tom. XXXII.

Dans le voisignage du monte della calamita mon ami, Mr. *Zuccagni* Docteur en Medicine à Florence a trouvé une espece de schorl detaché et dispersé sur le terrein; il a eu la bonté de m'en donner. Il est verd composé d'aiguilles ou de fibres minces un peu brillantes et divergentes d'un centre commun. Son tissu n'est ni trop lache ni trop ferme et a peine donne t' il du feu avec le briquet et l'aimant ne l'attire pas. Il a environ trois ou quatre pouces de longueur et environs deux pouces de largeur où ses fibres sont le plus divergentes. Il s'en dissoud une partie quoique lentement dans l'acide vitriolique. La dissolution colore fortement celle de noix de gale et la lessive phlogistiquée instillée dans la dissolution fait precipiter un Bleu de Prusse. J aurois bien voulu vous donner une analyse complette de ce schorl, mais Vous savez que je ne suis pas en état de la feire à présent avec précision. Cependant j'espere de pouvoir avoir l'honneur de Vous la communiquer à l'avenir avec une analyse de quelques schorls volcaniques. Vous voyez bien que ce schorl dont je parle a beaucoup

coup de rapport avec les *Basaltes viridis particulis fibrosis de Mr. Cronstedt*, mais il a encore plus de ressemblance avec l'espece de schorl qu'a trouvé Mr. l'Abbé *Rozier* en Corse à Herba longa au Cap de Corse et qu'il a appellé: *Schorl Rozieri corsicus, viridis, particulis fibrosis fasciculatis ex centro communi divergentibus.* Mr. *Monnet* en a fait une analyse et il a trouvé qu'il contenoit la base du sel d'Epsom et celle de l'alun, une terre quarzeuse et du fer, mais que la base du sel d'Epsom en fait environ deux tiers. Voyez le Journal de Mr. l'Abbé Rozier l'année 1777. Juin. page 456.

Au pied du monte della Calamita il y a au bord de la mer beaucoup de bol blanc qu'on appelle *Calamita bianca* (aimant blanc) et qui par la qualité qu'il a de s'attacher fortement à la langue a obtenu cette dénomination. *)

 J'ai

*) Des dénominations impropres comme celle ci et même des mots propres à la langue italienne ont occasioné qu'on les a traduit fausse-

J'ai remarqué au pied de la montagne de Capoliveri ſur les bords eſcarpés de la mer un tuf calcaire adoſſé obliquement ſur le panchant du ſchiſte et compoſé de petits grains de pierre calcaire griſe et jaunâtre, mêlé plus ou moins avec des grains de ſable, en couches horizontales, ondulantes et inclinées vers la mer. Ces couches ſont d'un demi pouce jusqu'à un pouce de groſſeur. C'eſt probablement un dépot de la mer, quoique je n'aye pû rencontrer des corps marins en dedans. Il faut cependant que la mer ait été bien haute pour former ce tuf, car il eſt d'une hauteur de pluſieurs toiſes au deſſûs du niveau de la mer. Mais on ſait que la mer a couvert une fois la terre ferme d'Italie à une hauteur très conſidérable, car toute la contrée de Sienne en eſt un depot inconteſtable. Oſtie etoit autrefois

fauſſement en d'autres langues; par exemple Mr. le Profeſſeur Baldaſſari à Sienne a decrit un certain *ſale diureta* qui dans la Mineralogie de Mr. *Wallevig* vient ſous le nom de ſel de craie et Kreidenſalz. Et d'autres auteurs l'ont ſuivi. Mais il faut ſavoir que Creta en Italien ſignifie argille.

trefois un port de mer et à préſent il eſt à deux milles de la mer. Et les colonnes dans le temple antique de Serapis près de Pouzzole, qui ſont rongées par les pholades et dactylites en donnent une preuve convainquante. *)
On ſe ſert de ce tuf dont je viens de parler pour la chaux, quand il n'eſt point mêlé avec du ſable, ou qu'il n'en contient qu'un peu ſur les côtes de la mer plus vers l'Occident nommément dans l'endroit qu'on appelle le *Franceſche* et de l'autre coté de la montagne d'aimant dans la place qu'on appelle li *Sprizzi* il y a pluſieurs grottes révetues de ſtalactites calcaires, tubereux, coniques et ramifiés, et de criſtaux ſelénitiques. Ces mêmes grottes

 ſont

*) Les inondations de la mer en Italie comme dans le Piemontois, le Vicentin, le Siennois, le Napolitain ſont elles arrivées toutes en meme tems? J'en doute beaucoup. Celles de la partie ſeptentrionale ſont probablement arrivées plus tard que par exemple celles du Siennois. Et peut être que celles-ci ſont auſſi arrivées après la formation des collines volcaniques qui en ſont proche du coté des états du Pape.

ſont auſſi révetues de pyrites ſulfureuſes informes, de marcaſites cubiques, et de vitriol verd. La terre argilleuſe jaunâtre, qui forme ici les bords de la mer, contient auſſi beaucoup de vitriol à cauſe de la décompoſition de ces pyrites.

Je ne tarderai pas, Monſieur le Comte, de Vous donner dans quelques autres lettres la ſuite de mes obſervations.

Je ſuis &c.

SECONDE LETTRE.

Le terrein de Capoliveri jusquà Campo, Marciana et de là jusqu'à Portoferrajo varie de la maniere ſuivante.

On paſſe premièrement quelques petites montagnes près de la mer des quelles la baſe eſt formée par le ſchiſte argilleux, et qui ſont couvertes ça et la de pierres calcaires. Mais après on commence à apercevoir du granit qui n'eſt pas aſſis ſur le ſchiſte, quoiqu' il y ſoit adhérent quelque fois à coté. Le granit de cette montagne conſiſte en un quarz blanc clair, en des feuilles de mica noir et de feldſpath blanc et violet en parallèle pipèdes reguliers d'un ou deux pouces de longeur et environ de 6 lignes d'épaiſſeur. *) Ce granit prend un très

*) Ce granit n'eſt pas attirable à l'aimant ce q'eſt le granit verd, et auſſi quoique plus foiblement le granit rouge et le granito nero e bianco (Ferber p. 346.) ais le granito nero e bianco a machie grandi ou granito d'Egitto (Ferber ibid.) ne l'eſt pas.

très beau poli comme on peut voir dans la plaque du piédestal de la statue équestre de la place de Santissima Annonziata à Florence sur laquelle on lit l'inscription: *Majestate tantum*, et dans la meme ville dans les socles de la Chapelle de S. Laurenzo qui en sont revêtus. *) Ensuite à une petite Distance du rivage on passe par une belle plaine, qui n'est pas beaucoup elevée au dessus du niveau de la mer, et qui est toute couverte de vignes. La terre de cette plaine est argilleuse jaunâtre et mêlée avec beaucoup de ce feld-spath qui se trouve dans le granit des montagnes voisines. Mais il n'est pas probable que toute cette plaine ait été couverte de morceaux de feld-spath detachés des montagnes de granit, mais je crois plutôt qu'elle est formée elle même de granit qui à la surface s'est décomposé.

Les montagnes de St. in Ilario in Campo, de S. Piero de Marciana et de tout le reste de l'Isle vers l'occident sont toutes de granit et on ne peut pas appercevoir aucune couche de pierres, sur laquelle le granit est posé, car la base

*) Lettres de Mr. Ferber page 431.

baſe de ces montagnes eſt toujours le même granit qui ſe perd ſous la terre, et ſous la ſurface de la mer. Ces montagnes ſont auſſi découvertes que celles de la Suiſſe par ex: le Grimſel. Celles de Marciana ſont le plus élevées et ſont plus hautes que toutes les autres montagnes de l'Isle et ſi eſcarpées qu'il m'a été impoſſible de monter à leur ſommet.

Je veux Vous indiquer à preſent quelques particularités ſur ces montagnes. Sur la partie inferieure du talus de la montagne de granit de St. Ilario on y rencontre du ſchiſte argilleux adoſſé ſur le granit, dans le quel il y a des couches minces et petites de *Cacholong*, qui ſe trouve encore plus frequemment diſperſé ſur le terrein en morceaux détaches jusqu'à deux pouces et encore davantage de groſſeur. Ce Cacholong eſt blanc et laiteux, quelque fois dendritique, opaque, il ſe caſſe en morceaux convexes et concaves (*muſchlicht*), il eſt très liſſe dans la fracture et il eſt ſuſceptible d'un très beau poli. Il ſe trouve communement couvert d'une terre argilleuſe blanche, et j'en ai vu qui étoient tout à fait changé en pierres argil-

argilleuſes d'un très beau blanc, ou qui ne l'étoient qu'en partie, de ſorte qu'ils donnoient encore du feu avec le briquet d'un coté ou de l'autre. Il convient donc à ce qui regarde les qualités acquiſes par la décompoſition à cette eſpèce de pierre qui ſe trouve en Hongrie et qu'on appelle *Pechſtein* en allemand. Le Pere *Pini* a fait mention de ce cacholong ſous le nom Calcedonius lacteus coeruleſcens &c. (Voyez le libre cité pag. 90.) mais Mr. Chevalier *de Born* à qui j'ai fait voir cette pierre m'a aſſuré qu'elle eſt proprement du Cacholong.

Près de St. Ilario il y a dans le meme ſchiſte argilleux de différentes ſortes d'Asbeſte 1.) *Asbeſtus mollior fibris longis parallelis*, *flexibilibus* de Mr. *Wallerius* d'une couleur blanche et verte 2.) *Asbeſtus maturus* de Mr. *Wallerius* 3.) *Asbeſtus immaturus* de Mr. *Wall.* ou *Asbeſtus ligneus virideſcens* 4.) *Asbeſtus cecoroſus fibris mollioribus Wall.* Toutes ces eſpèces ou plutôt toutes ces varietés d'Asbeſte ſe trouvent en couches minces entre le ſchiſte

et

et y ſont attachées. Elles ſe trouvent auſſi diſperſées en morceaux detachés ſur la terre.

A St. Ilario toutes les maiſons ſont baties de granit, une preuve, qu'il n'y a point d'autres pierres à batir dans les environs.

Près de St. Iliario on obſerve un mélange fort inegale des parties conſtitutives du granit. On rencontre des endroits, où il y a ſeulement du quarz, des autres où il y a du quarz avec du mica ſans feld-ſpath des autres où le mica eſt coagulé quaſi dans un lieu. Cette accumulation du mica me ſemble donner origine à cette eſpece de ſchorl qui ne ſe trouve pas rarement dans le granit et que j'ai auſſi obſervé dans le granit de cette Isle principalement près de St. Ilario. Ces ſchorls ſont noirs priſmatiques de quatre, de cinq, de ſix et de pluſieurs faces inegales, et à cauſe de leur grande quantité de faces il paroiſent quelque fois presque ronds et lignés; les extremites en ſont coupées ou elles ſe terminent en un point conique ou pyramide irreguliere. La ſubſtance en eſt lamelleuſe et ils ſe laiſſent quelque foir réduire en vrai mica. Leur grandeur

deur varie beaucoup. Il y en a qui ne forment que de très petits rayons et des autres qui ont environ deux pouces de longueur et 5 à 6 lignes de grosseur. Ces schorls se trouvent seulement dans le quarz qui est de pourou de feld-spath; ils sont frequemmment mêlés avec de petits points de quarz qui les traverse et par cette raison ils donnent du feu quand on les éprouve contre L'acier. Mais plusieurs de ces schorls dans lesquels je ne pouvois observer des par celles quarzeuses même par le secours d'une loupe, ont neamoins donnè du feu avec le briquet. Ce n'est donc pas un des caracteres constants par lequel les schorls se distinguent des grenats, comme l'a avancé Mr. *Gerhard* dans ses Beyträgen zur Geschichte der Chemie und des Mineralreichs Tome I. p. 382. surtout comme plusieurs espèces de schorls du Vésuve donnent aussi du feu avec le briquet par exemple le schorl noir et verd encolonnes prismatiques arrondies et cannelées (spathen barres) le schorl en forme de grenat, quand il est encore vitreux &c. comme aussi toutes les espè-

ces

ces de Basalte anciennes et modernes (savoir italiennes) que j'ai rencontrées en Italie, excepté le *Basaltes nigerrimus maculis ex Hornblende viridescenti* ou *pietra nefritica* dont Mr. *Ferber* a fait mention page 351. Cependant plusieurs espèces de Basalte donnent plus ou moins facilement du feu avec le briquet. Il me paroît très probable que ces schorls dans le granit ont été occasiones par l'accumulation du mica et par la proprieté que le mica à de se cristalliser (peut être par l'addition de quelque sel) Car il est connu qu'on a trouvé du mica cristallisé *) et j'ai vu aussi du granit, que le Pere *Minasi* à Naples avoit apporté de la Calabrie, le Capieux mica noir de ce granit est tout cristallisé en hexagones, quoique ce ne soit pas un vrai granit, car il n'a point de feldspath. Aussi plusieurs espèces de schorls du Vêsuve ont été produites evidemment par le mica. Quand on m'oppose contre ce que je viens d'avancer à l'égard de l'origine de quel-

 ques

*) Mica cristallina argentata lamellis hexaedris erectis à Born. Index Foss. p. 42. et Mr. Gerhard T. I. p. 329.

ques ſchorls, que le mica et les ſchorls ſont des corps bien différents, vûque L'un a pour baſe la terre d'alus et ces que les autres ont la magnéſie ou la baſe du ſel d'Epſom, je re-ponds qu'on n'a pas encore des expériences chimiques de tous les ſchorls, et qu'il eſt par cette raiſon encore très incertain ſi tous les corps à qui on a donné ce nom le meritent en effet. C'eſt ce que des analyſes exactes doivent décider. Mr. le Profeſſeur *Vairo* à Naples m'a confirmé dans cette idée à l'egard de la production de quelques ſchorls. Ce ſavant, qui eſt prèsque le ſeul à Naples, qui ait examiné comme Minéralogiſte et Phyſicien les phénomènes des Volcanes, a fait des ſchorls artificiels par le moyen du mica en y ajoutant un certain ſel qu il prend du Véſuve, et qui eſt analogue au ſel de Glauber. Il m'a promis de m'envoyer de ces ſchorls, (car il n'en avoit plus Lorsque j'étois à Naples) et de publier ſes expériences la deſſûs dans les Opuſcoli ſcelti de Milan. *)

En

*) J'ai vu la plus belle piece de ces ſchorls dans le granit ou plutot dans le quarz du granit

En allant de St. Ilario à la *Cava di granito* on obſerve ſur les ſommets de ces montagnes pluſieurs endroits ſemés de grain, qui ſont Compoſée d'une terre argilleuſe jaunâtre, qui a prisſon origine de la décompoſition du granit, car on voit encore ſouvent du feldſpath et du quarz mêlé avec cette terre, ou du mica qui n'ont pas encore ſubi tout à fait le changement en argille. Ce changement du granit en argille eſt ſûrement un phénomène très interreſſant et j'en ai deja indiqué quelques exemples plus haut. On pourroit oppoſer que

granit dans la collection inſtructive de Mr. *Fabrini* à Florence. Ces ſchorls en colonnes noires presque rondes et lignées d'une longueur de deux pouces et de plus y ſont poſés quaſi dans un cercle, de ſorte qu'ils ſe joignent presque d'une extremité dans un centre commun. Ce morceau vient de l'Isle *Giglio* peu éloignée de l'Isle d'Elbe. Cette Isle eſt toute formée de granit, comme m'a aſſuré Mr. *Cailuri* Profeſſeur à Sienne qui y a été. L'autre Isle qu'on appelle *Monte Chriſto* et qui eſt peu diſtante de l'Isle Giglio n'eſt auſſi qu'un rocher de granit.

peut-être cette argille n'eſt pas du granit décompoſé, mais que la nature s'en ſert même pour compoſer le granit. Cependant celà n'eſt pas probable. Pourquoi donc le feldſpath ſeroit il deja forme dans cette terre &c.? Mais comment opere la nature ce changement du granit en argille? Il eſt notoire par les experiences de Mr. *Beaumé* *) et de Mr. *Poerner* **) que les pierres vitreſcibles ſe changent en argille par une combinaiſon avec l'acide vitriolique, et la Nature nous en offre un exemple très évident dans la Zolfatare de Pouzzole, où les vapeurs acides ſouterraines pénètrent la lave et la changent en ſe combinant intimement avec elle den une argille blanche. Mais dans notre granit les vapeurs acides ſouterraines n'on peuvent pas être la cauſe. Eſt-ce donc peut être l'acide aerien? Cela n'eſt pas probable non plus. Car il faudroit alors que tout le granit fût ſujet à cette décompoſition et cependant on ne l'obſerve qu'en certains endroits.

*) Memoire ſur l'Argille.

**) Poerners Anmerkungen über Herrn Beaumé Abhandlung vom Thon. Leipzig 1771.

droits. Il faut donc en chercher la raiſon dans le granit même. Eſt-ce peut être du pyrite, qui eſt entré en forme de petites parcelles dans l'aggregation du granit? Je le croyois au commencemant, mais comme je n'ai pù obſerver ni par les yieux ni par le moyen d'une loupe des parcelles pyriteuſes dans le granit, j'ai quitté cette opinion et j'ai cherché la raiſon uniquement dans les parties conſtitutives des pierres vitreſcibles. Mr. *Beaumé* a prouvé que les pierres vitreſcibles ſont compoſées d'une terre argilleuſe et de l'acide vitriolique et Mr. *Poerner* a joint a ces deux parties conſtitutives encore le phlogiſtique. Ainſi plus ou moins le granit ſera dur plus ou moins l'humidité de l'air, la pluye et la neige pourront agir ſur cet acide, ils le metteront en mouvement, et le phlogiſtique ſe dégageânt l'acide vitriolique ſe combinera avec les parties vitreſcibles et produira une vraie argille. *)

*) Les changements reciproques des pierres vitreſcibles en argille et de l'argille en pierres vitre-

La cava di Granito eſt une ancienne carriere de granit, où les Anciens venoient prendre du granit pour l'Architecture. Il y a encore là pluſieurs colonnes, qui ſont deja taillées en gros j'en ai meſuré une qui avoit 30. pieds de France de longueur. On y lit cette

vitreſcibles comme auſſi des pierres calcaires en vitreſcibles ſont ſurement des phénomens très interreſſants pour le Naturaliſte et aſſez difficiles à comprendre. Mr. *Ferber* a obſervé le changement du granit en argille en pluſieurs endroits, par exemple en Boheme Voyez ſes Beyträge zur Mineralgeſchichte von Böhmen page 28. J'ai obſervé un changement ſemblable dans le granitello qui forme les montagnes Euganienes du Padouan, par exemple dans le monte Roſſo où le granitello ſe voit en partie briſé en colonnes priſmatiques en forme de baſalte. Cependant il y a auſſi de ce granitello qui eſt exemt de cette décompoſition par exemple les colonnes en forme priſmatiques que j'ai decouvertes de concert avec Mr. le Baron (Frideric Auguſte) *de Hohenthal* de Leipzic au pied du monte Braia en allant de Teolo aux bains d'Abano. Mr. *Strange*

cette inscription: *Opera Pisana.* Et on m'a assuré qu'on avoit pris les colonnes de la cathedrale à Pise de cette carriere. Il y a là aussi un bassin taillé de granit d'un grandeur très considerable, mais qui n'est pas acheué. Les habitans l'appellent il *Nave* (le vaisseau) Le granit de cette carriere est pour la plûpart du granit commun. Cependant on le trouve aussi avec le feldspath blanc et violet en forme de grands parrellèle pipèdes dont j'ai deja parlé.

Marciana est encore situé sur la continuation des montagnes de granit, quoique le granit y commence deja à s'abbaisser et à se per-

Strange qui a decrit les *monti Euga*[illegible] fait pas mention de ces colonnes. [illegible] sont d'une grandeur [illegible]lus considerable [illegible] celles d[illegible] [illegible], sa[illegible]ir d'une [illegible] gu[illegible]r de 12 de [illegible] pieds, et encore d'[illegible] ta[illegible] [illegible] en pris[illegible]s de 5, 6 et 7 pans [illegible] chaque pans a 12, 15 à 18 pouces [illegible] geur. Elles sont inclinées vers la [illegible] gne et [illegible]uvertes d'une grande [illegible] granit[illegible] qui n'est pas cristallisé ou [illegible] brise en colonnes.

dre ſous le ſchiſte argilleux et ſous les pierres calcaires. J'ai vu à Marciana dans une petite collection de curioſités naturelles de l'Isle, entre autres choſes des criſtaux de roche de ces montagnes de granit. Il y en avoit un qui contenoit une goutte d'eau.

Près de Marciana il y a au bord eſcarpé de la mer un ſouterrain dans le granit qu'on appelle *Cava d'oro* parce qu'on y a trouvé, à ce qu'on m'adit, de l'or. Mais je ne l'ai pû voir parce qu'il eſt prèsque toujours inondé par l'eau de la mer. Et je doute auſſi fort de la vérité de cette relation.

De Marciana jusqu'à Portoferrajo on paſſe ſur des collines d'un ſchiſte argilleux qui eſt frequemment couvert de pierres calcaires. Et le terrein de Portoferrajo à Capoliveri lui eſt ſemblable. On trouve auſſi dans le ſchiſte qu'on doit paſſer ſur cette derniere route le Cacholong blanc et laiteux en couches minces, et en morceaux detachés que j'ai decrit en parlant de la montagne de St. Ilario.

Je finirai cette deſcription du terrein de l'Isle en y ajoutant encore quelques notes.

1.) Que toute petite qu'eſt l'Isle d'Elbe, ſon terrain eſt pourtant très varié et fort inſtructif, et la ſtructure de ſes montagnes confirme beaucoup de ce qui a été obſervé par pluſieurs celebres Naturaliſtes à l'egard de la formation et de l'age des montagnes. Le ſchiſte argilleux de l'Isle eſt communement couvert de pierres calcaires. Mr. *Ferber* *) a obſervé à même choſe en Boheme, en Angleterre, en France, en Tyrol dans ma patrie le Duché de Wurtemberg et en pluſieurs autres parties d'Allemagne &c. Mr. de Born en Hongrie **) Mr. *Arduini* ***) et Mr. *Baldaſſari* ****) dans les Appenins et le Venetien,

 Mr.

*) Mineralgeſchichte von Böhmen, Oryctographie von Derbyshire, Beyträge zur Mineralgeſchichte verſchidener Länder. Raccolta di memorie chemico mineralogiche de Mr. Arduini &c.

**) Briefe über das Temeswarer Bannat &c.

***) Atti del Academia di Siena T. V. Raccolta d'opuſcoli filologici del Abbate collegera. Raccolta d'opuſcoli chemico mineralogici &c.

****) Atti dell' Academia di Siena.

Mr. *Targioni Tozetti* en Toſcane, *) Mr. *Charpentier*, Mr. *Guettard* &c. Il faut donc que le ſchiſte argilleus ou le *Kneis* de Saxes et le *Saxum metalliferum* de Mr. *Born* (que l'on peut regarder quaſi pour le ſchiſte argilleux à l'egard de la ſtructure phyſique des montagnes), ſoient d'une origine plus ancienne que les pierres calcaires qui les couvrent. Il faut cependant que le ſchiſte argilleux de notre Isle ait encore été fluide dans le moment ou la pierre calcaire l'a couvert, puisqu'il eſt quelquefois melé là, où la pierre calcaire commence, avec de veines calcaires et penetré quelquefois tout à fait de parties calcaires de ſorte qu'il eſt devenu tantôt une pierre marneuſe tantôt un *Macigno* et puisque le Serpentin, qui ſemble avoir pris ſon origine en même tems avec le ſchiſte, eſt mêlé avec beaucoup de petites veines de ſpath calcaire c'eſt à dire qu'il a été changé en *Polzevera*. La Polzevera de Genes &c. le macigno de Florence et des autres pais ont ſans doute pris leur origine de la même maniere. Mr. de *Born*, a fait le même con-

*) Viaggi per la Toſcana.

conclusion en voyant que des montagnes de schiste argilleux étoient penetré de parties calcaires, qui avoient pour le dos des couches de pierres calcaires. Voyez le libre cité page 209.

2. Le granit de l'Isle d'Elbe n'est pas couché sur le schiste, mais au contraire le schiste couvre le granit. Mr. *Ferber* à qui la geographie physique doit beaucoup, a vu constamment la même chose en plusieurs païs de l'Europe. Et cette observation a été faite aussi par Mr. *de Linné*, Mr. *de Born*, les Mr. *Charpentier*, *Guettard* &c. Et comme on n'a pas pû observer une autre espèce de pierre sous le granit, on a fait la conclusion que les montagnes de granit étoient les plus anciennes de l'ecorce de notre terre, ou les montagnes primitives à l'egard du Schiste argilleux, du Kneis des Saxes et du Saxum metalliferum. Il est cependant probable que le schiste argilleux a couvert le granit peu de tems apres sa formation et même dans le tems où il etoit encore fluide, car Mr. Chev. de *Born* *) Mr. *Ferber* **) et Mr.

*) Briefe über das Temeswarer Bannat. 209.

**) Minéralogie von Böhmen.

Mr. *Charpentier* *) ont trouvé le granit mélangé avec le ſchiſte argilleux qui le couvre. N'avons nous pas donc raiſon de ſoupconner, d'apres ces obſervations et ce que j'ai indiqué nr. 1. que le granit, le ſchiſte argilleux y compris toutes les ſortes de pierres qu'on y doit ranger dans le ſens phyſico-geographique, et la pierre calcaire qui couvre frequemment celle derniere claſſe ont pris leur origine peu de tems l'un après l'autre? Que ces trois ſortes principales de pierres ont formé les montagnes primitives de notre terre? Et que toutes les autres couches de terres et pierres poſées ſur les précédentes ſont d'une origine poſterieure, ſavoir les effets des Volcans et les differents dépots qu'a fait l'eau en différents tems.

*) Mineralogie von Saxen. Et une lettre de lui qui eſt inſerée dans la Raccolta d'opuſcoli chemico mineraloghici de Mr. Arduini. Cette obſervation que le granit eſt ſouvent mélangé avec le *Kneis* a determiné Mr. Charpentier de regarder le Kneis pour une modification du granit. Voyez die Berliniſche Beſchäfftigungen naturforſchender Freunden Tom. III.

tems. Mais je ne veux pas entrer davantage dans un champ, ou il faudroit abſolument ſoutenir des hypothèſes, car nous ne ſommes pas encore fourni actuellement des obſervations ſur les montagnes qui ſeroient ſuffiſantes pour y pouvoir fonder une théorie de la formation de l'ecorce de notre terre.

3.) Les montagnes de granit de l'Isle d'Elbe ſont les montagnes les plus hautes de toute l'Isle, comme elles le ſont auſſi dans les grandes chaines des montagnes de pluſieurs païs de l'Europe comme en Suiſſe et le Tyrol, comme en Hongrie en Tranſylvanie la Boheme, les monts Carpatiques ſelon les obſervations de Mr. de *Born*, et d'apres Mr. *Ferber* en Angleterre, en pluſieurs endroits de l'Allemagne, en Suede &c. ſelon Mr. *Lehman* dans le Sileſie, ſelon Mr. *Guettard* et *d'Arcet* *) dans les Pyrenées, ſelon Mr. *Pallas* **) et les autres

*) Diſcours en forme de diſſertation ſur l'état actuel des montagnes des pyrenées &c. à Paris 1776. 8.

**) Obſervations ſur la formation des montagnes et les changements arrivés au globe parti-

autres celebres Voyageurs Russes dans le Russie &c. et même les plus hautes montagnes connues, les Condilieres en Perou doivent d'être de granit. Les montagnes les plus anciennes sont donc en même tems les plus élevées. — Permettez moi, Mr. le Comte, de faire encore ici une reflexion à l'egard du granit. Vous savez, que plusieurs Naturalistes Italiens régardent le granit pour un produit du feu, et principalement entre eux le digne Mr. *Arduini*, qui assure d'avoir observé le granit posé sur le schiste argilleux, et qui régarde par cette raison le schiste argilleux pour la base de toutes les autres montagnes de son païs. Ces observations de la vérité de quelles je ne puis pas douter en connaissant trop la candeur et les mérites en fait de choses minéralogiques de ce Naturaliste, méritent sûrement beaucoup d'attention, puisqu'elles semblent faire une grande exception de ce qui a été observé par plusieurs autres Naturalistes en d'autres païs. Le granit observé par Mr.

Arduini

particulierement à l'egard de l'Empire Russe &c. par Mr. Pallas Petersbourg 1777. 4.

Arduini feroit il effectivement un produit du feu? Ou tout le granit le feroit il généralement? C'est en vérité une question que je ne puis pas decider. Car quoique j'ai toujours régardé le granit comme un effet occasioné par l'eau, j'ai pourtant des motifs, qui me laissent soupçonner, qu'on ne doit pas disputer à la Nature la faculté de produire du granit aussi bien par le feu que par le moyen de l'eau, et il me semble que la Nature nous offre un exemple assez clair de cette double maniere d'agir dans le Basalte et le Porphyr. La nature a-t-elle produit peut être tout le granit par le feu dans le commencement de la formation de notre terre et est il survenu après une très grande inondation d'eaus le tems ou le granit étoit encore fluide pour la plûpart à sa surface? Et cette inondation a-t-elle donné peut être l'origine aux deux autres classes de couches de pierres que j'ai régardées pour primitifes dans nr. 1.? Mais je Vous prie de régarder cette idée pour telle qu'elle est véritablement, c'est à dire — pour une simple hypothèse.

4.)

4.) Quoique on n'ait pas encore obſervé des montagnes entieres formées par un quarz pur, pluſieurs Naturaliſtes ont rémarqué pourtant que le quarz couvre quelque fois les montagnes à une hauteur très conſiderable *) et le quarz blanc et pur qui couvre le mont Giove de l'Isle d'Elbe, et dont j'ai parlé dans ma premiere lettre, nous en donne auſſi un exemple. Je n'ai pû obſerver ſi ce quarz eſt aſſis ſur le ſchiſte argilleux, ou ſur du granit, qui eſt peut être dans l'interieur de la montagne. Il eſt curieux que ce quarz ne s'y trouve pas dans une ſeule maſſe ſolide, mais qu'il ſoit fendu en grands blocs qui ont ſouvent quaſi une forme parallélépipédique. Le quarz a t-il peut être la proprieté de ſe fendre regulierément comme le baſalte comme le porphyre **) et

*) Voyez la Mineralogie de Mr. Linné traduite en allemand et augmentée par Mr. *Gmelin* T. I. p. 19.

**) Voyez une lettre de Mr. Ferber adreſſée à Mr. Arduini, et qui eſt inſerée dans la Raccolta d'opuſcoli chemico mineralogichi de Mr. Arduini.

et même comme le granit *) et le ſchiſte argilleux **) comme l'a obſervé Mr. *Ferber*. Que ces blocs de quarz ſe trouvent communément detachés et quaſi diſperſés cela eſt probablement l'effet de l'eau et des racines mouillées des arbres, qui ſe ſont introduites dans les fentes et qui ont éloigné peu à peu les blocs les uns des autres.

5.) Les mines de fer de l'Isle d'Elbe ſont couchées, ſur le ſchiſte argilleux, comme je l'ai deja indiqué de la montagne d'aimant de Capoliveri et comme je le dirai encore en parlant de la mine de fer de Rio.

6.) Je n'ai pû obſerver des corps marins ni dans le ſchiſte argilleux de l'Isle, ni dans les pierres calcaires, ni dans le tuf calcaire déposé probablement par la mer près de Capoliveri.

Arduini. page 5. Mr. Ferber y donne une deſcription intérreſſante des montagnes de porphyr qui ſont près de Neumarck en Tyrol.

*) Ferbers Mineralgeſchichte von Böhmen pag. 124.

**) Ibidem.

veri. Cependant Mr. *Micheli* a trouvè dans l'Isle le *Lepas Tintinabulum Lin.* ou *Crepidula Guatth. Index Teſtac. Tab.* 69. lit. H. et Mr. *Pini* fait mention d'une Patellite et de cornes d'Ammon, qui s'y ſont trouvés.

7.) Les perſonnes qui ont prétendu que l'Isle d'Elbe étoit volcanique, me diſpenſeront de refuter cette fauſſe opinion, puisque j'ai amplement parlé du terrein de l'Isle. Si l'on veut prouver cette opinion par le granit qui y eſt, je repete, que je ſuis encore éloigné de ſouscrire décidément au ſentiment de ceux qui le régardent pour un produit du feu, quoiqu'il ſoit averré que le Veſuve ait jetté quelquefois une eſpèce de pierre, qui au premier abord eſt ſemblable au granit, mais qui n'a pas un vrai quarz pour baſe et qui eſt tout à fait dépourvu de feldſpath. Et ſi on veut faire une concluſion pour une origine volcanique, au moins d'une partie de l'Isle d'Elbe, à cauſe des mines de fer qu'on vend à Naples comme des productions du Véſuve et qui ſont tout à fait ſemblables aux mines de fer de l'Isle d'Elbe, je puis aſſurer que ce n'eſt

qu'une

qu'une des friponeries des Marchands de lave à Naples, et qu'y en a un qui m'a avouée, qu'il fait venir ces mines de l'Isle d'Elbe. *) Enfin il eſt trop ridicule de croire que l'Isle d'Elbe ſoit volcanique, puisque l'Isle *Capraja* qui en eſt proche eſt telle. Selon cette maniere de raiſonner, toute la terre auroit pris ſon origine par le feu! L'Isle *Capri* près de Naples eſt calcaire, tandis que toutes les autres isles des environs ſont volcaniques.

 TROI-

*) Les marchands de Laves à Naples commettent les mêmes tromperies en d'autres choſes, de ſorte qu'on doit ſe tenir ſur ſes gardes en achetant quelque choſe chez eux. Il vendent ſous le nom de pétreole différents mélanges d'huile et de ſels liquefiés. Ils vendent des pyrites, de l'asbeſte, des mines de Mercure comme des productions de leur Véſuve, tandis qu'ils les font venir des autres endroits. Leurs marbres mêmes ne ſemblent pas être tous du Véſuve, mais je crois qu'ils ſont des autres cantons du Royaume de Naples, quoiqu'on ne puiſſe nier, que le Véſuve en jette véritablement quelques ſortes. Mais celles ci portent communement des marques diſtinctives de leur origine.

TROISIEME LETTRE.

Après Vous avoir donne Monsieur le Comte, mes observations sur le terrein de l'Isle d'Elbe, je vais à présent Vous décrire ce qui interresse principalement un Minéralogiste dans l'Isle d'Elbe savoir les mines de fer de Rio, qui par leur beauté sont un ornement de nos Cabinets et qui par leur bonté s'etoient déjà rendues célèbres chez les anciens comme le prouvent les vers suivants de Virgile:

Una torvus Abas: huic totum insignibus armis
Agmen, et aurato fulgebat Apolline puppis
Sexcentos illi dederat Populonia mater
Expertos belli juvenes; ast Ilva trecentos
Insula inexhaustis chalybum generosa metallis.
Aeneid. X. v. 170.

On a prétendu que toute l'Isle d'Elbe étoit composée de mines de fer, mais je crois que mes lettres précédentes refutent assez cette opinion. Il n'y a qu'une seule montagne d'ou l'on tire actuellement la mine de fer, quoiqu'on en trouve aussi dans le monte della calamita comme me je l'ai déja dit, et encore dans un autre endroit dans le territoire du Roi d Espagne où l'on a commencé a exploiter, mais on a cessé par après.

La montagne de mines de fer de Rio (*la cava di ferro di Rio*) est à un mille de cet endroit. Elle a environ trois milles dans sa circonférence. Du coté de l'orient elle est aténante au mont Giove (dont j'ai fait mention dans ma première lettre) et du coté de Sud Ouest elle forme la cotè de la mer. Elle est assise sur du schiste argilleux comme on le peut voir du coté de la mer. Elle a environ 300. pieds de hauteur et le sommet comme presque toute la montagne est egalement formé de mines de fer, de sorte que les vignes qui y sont plantées et qui donnent de très bon vin n'ont pour leur base que des pierres de fer et de la terre ferrugineuse, et très peu de terre végétale. Toutes les autres plantes aussi, qui sont en assez grande quantité sur le reste de la montagne croissent quasi sur la mine de fer même, telles sont le *Quercus Ilex* et *Suber Lin. Myrtus communis*, *Erica cinerea*, *Cistus salvi fo-*

 lius,

lius, *incanus* et *monſpelienſis*, *Ficus Carica*, *Rosmarinus officinalis*, *Cactus Opuntia*, *Erigeron viſcoſum*, *Anethum Foeniculum*, *Arbutus Unedo* et beaucoup d'autres. Toutes ces plantes contiennent beaucoup de parties ferrugineuſes comme on le peut voir diſtinctement après leur calcination par le moyen de l'aimant. La côte de la mer ou la montagne eſt atténente eſt toute couverte de *l'arena ferrea nigra* de Mr. *Wallerius* que l'aimant attire, et qui a été détachée des mines de fer par la pluye et par les ondes de la mer. Du même coté j'ai trouvé entre le ſchiſte, qui forme la baſe de la montagne *l'Asbeſtus acerofus fibris mollioribns Wall.* en petites couches attaché au ſchiſte même. Il y a auſſi ſur ce rivage une eſpèce particuliere de *poudingue* fort dur en blocs detachés, formé de petites pierres argilleuſes rouges qui ont quelquefois la dureté du Jaſpe et qui ſont cimentees par une terre endurcie argilleuſe. Je dois Vous Vous faire mention auſſi d'une eau minérale qui prend ſa ſource dans la montagne des mines defer et qui ſort au rivage dont je viens de parler. C'eſt

C'eſt une eau vitriolique martiale à la formation de la quelle contribue la décompoſition des pyrites, qui ſe trouvent en aſſez grande quantité dans la montagne, car dans les environs de cette eau la terre eſt fort vitriolique et il ſe depoſe dans l'eau même une ocre ferrugineuſe. Mr. le Doċteur *Buzzegoli* a decrit cette eau très amplement et il en a celebré les vertus dans la medécine. *) Mais comme je ne veux pas Vous ennuyer avec ſon analyſe, qu'il en a donnée, qui prouve que Mr. *Buzzegoli* eſt peu chimiſte, et n'ayant pas eu les moyens de l'analyſer moi meme, je Vous en donnerai l'analyſe de Mr. *Hoefer* **) à

 Florence

*) Dell' aqua marziale di Rio nell' Iſola dell' Elba et del uſo di eſſa in Medicina e Chirurgia Firenze 1762.

**) C'eſt ce Mr. *Hoefer* (Allemand de nation et Apoticaire de la cour du Grand-Duc de Toſcane) qui en examinant les differentes eaux minérales de la Toſcane a fait la belle découverte que certains ſources d'eau dans le Siennois contiennent du ſel ſedatif. Il a écrit la deſſûs un memoire en italien et

Florence qui a eu la bonté de me la communiquer. Elle ſera inſerée dans les analyſes que Mr. *Hoeſer* a faites des eaux minérales de la Toſcane, dans l'ouvrage que Mr. *Cranz* ſe propoſe de publier ſur les eaux minérales de l'Europe.

„Mr. *Lochmann* Chirurgien d'un Bataillon de la garniſon de Portoferrajo m'envoia de cette eau.

1° Elle étoit claire, limpide ſans odeur et d'une ſaveur acide, dans l'experience elle ne me

et en francois. Il ſeroit à deſirer, qu'un bon minéralogiſte examinât attentivement le terrein de ces eaux et des environs pour découvrir l'origine de ce ſel. Je ſuis très porté à croire qu'on trouvera encore à l'avenir ce même ſel dans pluſieurs ſources près des Volcans. Dans cette opinion j'ai examiné les bains d'Abano dans le Padouan, qui dejà ſont été decrits par Mr. Dominique *Vandelli* actuellément Profeſſeur à Lisbonne, mais pourtant je n'y ai pû decouvrir ce ſel. Je m'étonne cependant que Mr. *Andria* Profeſſeur de l'Agriculture à Naples, qui nous a donné une fort bonne deſcription des eaux minérales des environs de Naples n'ait pas rencontré ce ſel.

me donna presque aucun ſigne de l'air elaſtique.

2°. Melée avec la liqueur d'orpiment elle montra d'abord un nuage couleur d'herbe, obſcur au fond, au milieu il y avoit un cercle griſâtre enſuite il ſe dépoſa un ſediment d'un verd obſcur.

3°. Cette eau teint le papier bleu et le ſirop de violettes en rouge, et la teinture de tourneſol en couleur de Rubis.

4°. Mêlée avec la leſſive phlogiſtiquée, il ſe précipita un nuage très mince blanchâtre laiteux, qui tomba enſuite peu à peu au fond et quand j'y eus inſtillé quelques gouttes d'acide nitreux très pur, le mélange ſe changea en couleur opaline, enſuite en ſaphirine et dépoſa le lendemain un beau bleu de Pruſſe.

5°. J'y inſtillai quelques gouttes de la liqueur ſaturée de la matiere colorante du Bleu de Pruſſe. L'eau en devint ſur le champ verte foncée et le lendemain elle dépoſa copieuſement du bleu de Pruſſe.

6°. Une lame de cuivre poli, que j'y laiſſai pendant 24. heures en fut attaquée de telle maniere, que quand j'y inſtillai enſuite quelques gouttes l'eſprit de ſel ammoniac l'eau en devint ſaphirine.

7°. La diſſolution nitreuſe de l'argent y êtant inſtillée rendit l'eau lacteuſe, il ſe dépoſa au fond un nuage, qui deux jours après ſe changea en violet noirâtre.

8°. Avec la diſſolution de Sode il ſe précipite un nuage très mince à peine viſible ſans aucune efferfeſcence.

9°. La diſſolution aqueuſe de criſtaux de mercure s'y précipite d'abord très blanche, elle paroit enſuite au fond de couleur tirant ſur celle de paille, et quelques heures après le prècipité devient blanc griſâtre.

10°. La diſſolution nitreuſe de Mercure y eſt précipitée en couleur de Turbith minéral.

11°. J'ai mis ſix livres de cette eau (poids médicinal de Vienne) dans un alambic de verre, dans le chapiteau duquel j'avois placé du papier bleu, j'ai continué cette deſtillation jusqu'à ce que j'en ay obtenu environ deux livres après quoi j'ai oté le chapiteau. Le papier blanc n'avoit point de ſaveur.

12°. J'ai laiſſé évaporer le reſte de Nro. 11. jusqu'au réſidu d'une livre, je l'ai filtré, et en j'ai obtenu de l'ocre, qui après avoir été bien edulcorée et ſechée peſoit trois grains. Cette ocre étoit refractaire à l'eſprit de nitre, et n'étoit point attirable par l'aiment. J'ai mis ces trois grains d'ocre avec quelques gouttes d'huile d'olive dans un très petit creuſet, que j'ai bien fait rougir au feu; j'ai trouvé alors quelques peu de mollecoles attirables par l'aimant et diſſolable dans l'eſprit de nitre, mais la plus grande partie y étoit refractaire.

13°. Enfin j'ai fait évaporer le reſtant de Nro. 12. jusqu à la deſſication et j'ai obtenu un *Magma ſalin* verdâtre un peu humide, qui péſoit 60. grains.

14. J'ai diſſous ce Magma ſalin obtenu par l'évaporation du Nro. 13. dans de l'eau diſtillée, je l'ai filtrée et il a reſté dans le filtre une ſélénite transparente en guiſe d'aiguilles très minces refractaire à l'eſprit de nitre. Cette ſélénite péſoit 4 grains et demi. J'ai évapore le reſte et je l'ai mis à la criſtalliſation, mais au lieu de criſtaux j'ai obtenu de nouveau

veau un Magma ſalin Vraiment vitriolique d'un gout adſtringent et ferrugineux.

15°. J'ai diſſous de nouveau ce Magma ſalin vitriolique dans de l'eau diſtillée et après l'avoir filtré, il a reſté une ſeconde fois dans le filtre de la ſélénite qui péſoit deux grains et demi et par l'evaporation et la cryſtalliſation j'ai obtenu des criſtaux irréguliers qui péſoient 44. grains dont quelqu'uns étoient lineaires planes et les autres étoient en forme de faſcicules; ces criſtaux étoient pourtant un vrai vitriol de Mars ſubſtantiel, comme on verra dans l'article ſuivant.

16°. J'ai pris dix grains de ce ſel, que j'ai diſſous dans une once d'eau diſtillée, j'ai partagé cette diſſolution dans trois différents verres; j'ai inſtillé dans le premier de la liqueur fixe phlogiſtiquée, la diſſolution s'eſt précipitée en bleu trouble verdatre. Ce précipité a été d'abord avivé en beau bleu de Pruſſe, après y avoir inſtillé deux ou trois gouttes d'eſprit de nitre pur non martial. J'ai inſtillé dans le ſecond quelques gouttes de la liqueur ſaturée de la matière colorante du

blea

bleu de Pruſſe et ſur le champ la diſſolution eſt devenue bleue et a dépoſé abondamment du beau bleu de Pruſſe; j'ai inſtillé dans la troiſieme quelques gouttes de teinture de noix de gales et la mixtion a donné un vrai encre trés noire. Ainſi ſix livres de cette eau poids medicinal de Vienne contiennent.

1. de l'eſprit minéral, acide, ſurabondant.

2. de l'ocre 3. grains.

4. de la ſélénite refractaire aux acides 7. grains.

5. du ſel vitriolique martial ſubſtantiel 44. grains avec un peu d'acide ſurabondant.

6. très peu d'air élaſtique à peine perceptible.,,

Je reviens après cette digréſſion à la montagne des mines de fer. Mr. *Ferber* dit dans les lettres, *) qu'elle eſt environnée de granit, mais malgré mes recherches je ne l'ai pû découvrir nulle part; je crois donc plutôt que c'eſt une faute d'impreſſion, car je ſuis trop convaincu de l'exactitude des remarques minéralogiques de Mr. *Ferber* ſur l'Italie. La mine

*) Lettres ſur la mineralogie d'Italie. pag. 442.

ne de fer ne s'y trouve pas par veines ou par ſilons, maïs prèsque toute la montagne en eſt formée, de ſorte qu'on l'exploite auſſi comme une carriere. La mine de fer eſt ſouvent penetrée et adherente à un bol de differentes couleurs, qui y eſt auſſi niché principalement vers le ſommet de la montagne à pluſieurs pieds ou quelque fois auſſi à quelques toiſes dans toutes ſes dimenſions. Il eſt fort gluant, et humide en dedans et quelquefois ſi dur qu'un jaſpe. On le trouve communement pur, mais auſſi melé avec de parties ferrugineuſes principalement de mica de fer, et pluſieurs fois avec de pyrites, qui étant décompoſés donnent naiſſance à la terre argilleuſe fort vitriolique qu'on n'y rencontre pas rarément, et aux marais vitrioliques qui s'y trouvent en quelques endroits. On trouve ce bol d'un couleur très blanche, carnée, rouge, violette, bleue, jaune et noirâtre. On le rammaſſe et on l'emploie pour peindre les maiſons &c. Le pyrite martial eſt auſſi quelque fois niché entre la mine de fer à pluſieurs pieds dans ſes dimenſions. On le rencontre en pluſieurs formes: informe, globulaire,

bulaire, en cubes, et en criſtaux dodécaédriques. Il eſt ſouvent couvert de criſtaux de quarz et ſes creux en ſont révetus.

L'état actuel de la montagne où L'on exploite la mine, forme à peu près un amphitheatre de 2. à 300 pieds de hauteur, qui a quatre terraſſes inclinées l'une au deſſûs de l'autre, ſur les plaines dequelles on tire la mine à découvert en différents endroits. On excute cela avec des pics et des burins, ou ſi la maſſe de la mine eſt très grande et trop dure par le moyen de la poudre à canon. *) Comme la mine de fer y eſt en ſi grande quantite, on n'exploite, que la meilleure, que les ouvriers appellent *Ferrata* et *Luciola*, et que je decrirai dans la ſuite. Ils regettent donc les plus mauvaiſes que l'on transporte avec la terre ferrugineuſe et micacée, ſur de petits chariots tirés par des hommes, dans des endroits eloignés ou ſur l'autre coté de la montagne, afin qu'ils n'incommodent pas les ouvriers dans leur travail. Mais quant à la bonne mine de fer, on la fait

*) On y conſume annuellement environ 700. livres de poudre à canon.

fait transporter à dos d'ânes au pied de la montagne et à le greve ou elle reste entassée pour la vente. Il y a tous les jours 120. personnes et quelque fois Davantage qui y travaillent, et qui sont sous la direction d'un Capitain, qui dirige le travail dans l'exploitation, et qui paye les ouvriers vers la fin de chaque mois la moitié, communément en argent et l'autre moitiés en ble. *) Le Capitain reçoit ses ordres du Ministre de la mine, qui en dirige la vente &c. et le tout est sous la direction du Gouverneur général de L'oeconomie des états de Piombino, qui en l'hyver démeure à Piombino, mais en l'eté à cause du mauvais air il demeure à Rio.

A présent j'aurai l'honeur de Vous indiquer les différentes espèces de mine de fer, qui se trouvent dans cet endroit.

1°.

*) L'Isle d'Elbe ne produit du blé, que pour 6. ou 7. mois, le reste on est obligé de se le procurer de la terre ferme, quoique les habitans cultivent aussi du blé dans l'Isle *Pianosa*, qui n'en est pas loin et qui n'est pas habitée.

1. La plûpart c'eſt de *l'Hématite couleur de fer* (Minéralogie de Mr. Cronſted §. 201.) ou de la *mine de fer attirable par l'aimant ſans être grillée.* La *mine* de *fer minéraliſée par le Soufre du Fer ſpéculaire* ou *à facettes brillantes* de Mr. *Sage* T. II. p. 174. Mr. *Tronſon* du *Coudray* a nié que cette mine de fer fût attirable par l'aimant (dans le memoire cité.) Mais on peut facilement s'en convaincre en ſe ſervant pour preuve d'un aimant fort, comme l'a montré Mr. le Baron de *Dietrich* *) quoiqu'elle ſoit auſſi très ſouvent attirable par un aimant médiocre. Et ce n'eſt pas cette eſpece ſeulement de mine de fer de Rio qui eſt attirable à l'aimant, il y en a beaucoup, des ſuivantes qui ont la même propriété. Cette mine eſt bien denſe, composée de très petites lames communément luiſſantes et ſerrées. Elle donne du feu avec le briquet, et en la triturant en obtient une poudre noirâtre. Dans les cavités quelle a frequement elle s'eſt criſtalliſée en différentes formes, et entre

*) Lettres de Mr. Ferber pag. 443.

entre les criſtaux on y voit ſouvent de petits criſtaux de quarz blancs, rouges et jaunes, ſolitaires ou en petites druſes qui ſont quelquefois couverts d'une ocre ferrugineuſe. Les mêmes cavités avec ces criſtalliſations ſont ſouvent remplies et révetues D'une terre bolaire, de differentes couleurs mêlée avec des parties pyriteuſes, et les criſtaux de mine de fer, qui ſont couverts de cette terre ſont communément plus brillants et chatoyants que quand il ne le ſont pas. J'ai vu auſſi une piece de cette mine, dont une telle cavité renfermoit un morceaux de ſoufre natif farineux. Voici les varietés, qu' offrent les différentes criſtalliſations, de cette mine. Il y en a qui ſont d'un beauté excellente.

1.) de l'Hématite couleur de fer criſtalliſée en *polygones*. Ces criſtaux ſont pour la plûpart irreguliers et difficiles à déterminer. Ils ſont

(1.) tantôt formés de deux pyramides trihédres, obtuſes à plans *triangulaires*, oppoſées par leurs baſes, et ſéparées par ſix plans triangulaires.

(2.)

(2.) tantôt de deux pyramides trihedres obtuſes à plans *pentagones*, ſéparées par ſix plans triangulaires.

(3.) tantôt les pyramides trihèdres obtuſes, et oppoſées ſont à plans *rhombéaux* ſans triangles intermediaires. Voyez *l'Eſſai de Criſtallographie* de *Mr. De Rome de Iſſe* page 359. et ſuiv. Il y a de ces mines criſtalliſées, qui ſont d'un très beau bleu brillant et chatoyant de couleur d'or et d'autres couleurs ſuivant qu'on y laiſſe tomber les rayons du ſoleil. Mais étant expoſées long temps à l'air elles perdent ces vives couleurs.

2.) criſtalliſée *en forme de crête de coq*.

3.) *feuilletée* couleur de fer, et il y en auſſi d'un couleur bleu chatoyante et des autres, qui ſont couvertes quaſi d'une legere et très fine pouſſiere d'un beau bleu.

3.) en *druſes celluleuſes*.

4.) *écailleuſe*, d'un couleur bleuatre et rouge chatoyante.

2° *Mine de fer micacée couleur de fer* et quelque fois d'un bleu chatoyant (Cronſted

§. 201.) 4.) Elle eſt attirable à l'aimant et ne ſemble differer de la precedente que par ſon tiſſu moins ferme et qu'elle donne par la trituration plûtôt une poudre brune que noirâtre. C'eſt cette éſpece de mine que les Ouvriers appellent communement *Luciola.* Elle eſt pourtant beaucoup moins frequente que la precédente.

3°. De *l'Hematite noire* (Cronſted §. 202.)

1.) *pure* et *informe.* Elle eſt attirable à l'aimant, mais elle eſt rare.

2.) en forme *ſtalactitique* poreuſe, attachée quelque fois aux parois des cacités que fait la mine de fer nr. 1°. Elle n'eſt pas attirable par l'aimant.

3.) mêlée avec des parcelles pyriteuſes ou *Ferrum molle* de Mr. *Linné. (Kieſiges Eiſen-Erz.)* Elle eſt attirable à l'aimant.

4°. De *l'Ocre martiale endurcie ſpongieuſe* quelquefois avec de petits ſtalactiques en mamellons &c. de couleur rouge, brune et noirâtre. Elle n'eſt pas attirable à l'aimant. Sa ſurface eſt ſouvent très luiſante d'un j'aune d'or ou elle eſt couverte de terres argillaiſes ferru-

ferrugineuſes fort fines rouges, jaunatres, et bleues plus ou moins foncées D'abord on pourroit facilement croire que cette terre bleue eſt du bleu de Pruſſe. Mais communément ce n'eſt qu'une terre argilleuſe bleue. On trouve pourtant quelque fois mais rarément, du vrai Bleu de Pruſſe attaché à la mine de fer del Rio comme l'a aſſuré Mr. *Zuccagni* à Florence, qui l'a examiné.

5°. De l'ocre de fer rouge, jaune et brune terreuſe, rarément durcie en globules, mais elle couvre communément les autres eſpeces de mines de fer.

Mr. *Pini* a fait mention de plus de quatre vingts varietés des mines de fer de Rio. Mais à dire le vrai on ne peut pas en faire autant. Chaque legere difference, qu'il a trouvée entre les pieces qu'il a ramaſſées, lui a donné occaſion de les diſtinguer. Je crois qu'on les peut toutes reduire minéralogiquement aux eſpèces et aux varietés que je viens d'indiquer.

Mr. *Ferber* rapporte qu'ontrouve dans cette mine de la crême de loup, en ſongues aiguilles concentriques; pour moi je n'ea

pas trouvé et je n'ai pas trouvé non plus la manganese dont parle Mr. Du *Coudray*.

On pourroit facilement s'imaginer qu'il se trouve aussi du fer natif dans l'Isle d'Elbe, comme ses mines de fer sont très attirables à l'aimant &c. mais cependant il n'y en a pas. J'étois dans la persuasion d'en avoir trouvé un morceau entre les mines de fer du monte della calamita qui semblent avoir subi quelque action du feu, mais je me suis bientot apperçû que je m'étois trompé.

Je devrois Vous donner à present une analyse chimique de la mine de fer de l'Isle d'Elbe, mais je me réserve de Vous la communiquer une autre fois, parceque je n'ai pû encore achever, puisque les moyens de la faire avec précision me manquent actuellement. Celle mine est generalement minéralisée par le soufre, ce que prouve l'odeur que L'on sent en la grillant, le soufre natif, et les parcelles pyriteuses dont elle est quelque fois mêlée. C'est de ce minéralisateur que depend très probablement sa proprieté d'etre attirable à l'aimant, et ses couleurs vives même en sont sûre-

ſûrement un effet; car on ſait bien la varieté de couleurs que peut produire le phlogiſtique ſurtout quand il eſt combiné avec une terre martiale. Mr. *Pini* a nié décidement, que la mine de fer de Rio fit ſentir une odeur de ſoufre êtant grille *) mais des perſonnes qui étoient preſentes au grillage en grand de cette mine, m'ont aſſuré, que l'odeur de ſoufre etoit très conſiderable, même quand la mine n'étoit pas mêlée avec des pyrites viſibles, et Mr. *Coudray* eſt du même ſentiment. **) Quant à l'origine des diverſes couleurs ſplendides et chatoyantes que L'on obſerue principalement dans la mine de fer criſtalliſée, Mr. *Pini* en donne une raiſon qui ſera probablement gouté de peu de Minéralogiſtes. ***) Il avance que ces couleurs viennent des exhalaiſons humides mêlées avec une matiere bolaire ou même ocreuſe très fine, et il tâche de prouver cette opinion au long par des raiſons peu convainquantes. Ses preuves ſont que cette mine n'eſt

*) Voyez l'ouvrage cité page 67.

**) Voyez ſon memoire cité page

***) page 74.

n'est pas mineralisée par le soufre, qu'elle est souvent adherente à un bol de différentes couleurs, que les couleurs vives de la mine cristallisée sont seulement propres à la surface des cristaux comme un vernis, que les cristaux de quarz qui sont adherents à lamine ont aussi différentes couleurs comme la mine de fer &c. Mais on pourra bien conclure par ce que j'ai dit dans le précéndent que cela ne prouve pas le sentiment de Mr. *Pini* et de plus, les couleurs vives de la mine cristallisée ne sont pas seulement dans l'exterieur de la mine, et n'est il pas plus probable, que les cristaux de quarz soient colorés par le fer et par le phlogistique, qui a donné les couleurs vives à la mine de fer même? Et ne doit-on pas toujours recourir à la question principale, en soutenant le sentiment de Mr. *Pini*, comment est-il possible qu'un terre boloire humide puisse acquerir simplement la splendeur métallique de la mine de fer de Rio?

Les anciens étoient dans la persuasion, que la mine de fer de l'Isle d'Elbe se reproductoit jour-

journellement *) et des perſones qui ſont peu Minéralogiſtes régardent encore à préſent pour une preuve convainquante, qu'on trouve quelque fois ſous les decombres des burins, des houes &c. couvertes d'une terre micacée endurcie et je ſais que des Voyageurs ont offert des ſommes conſidérables pour de telles pieces. Mais des perſonnes qui connoiſſent un peu, comment la Nature opere, n'ytrouveront rien de merveilleux. Les anciens auteurs que j'ai cité ci-deſſus prouvent, qu'on a exploité la mine de fer de l'Isle d'Elbe dans les tems fort récuèls, mais on ne ſait pas, ſi fût juſtement dans la montagne de la mine de fer de Rio, car il y a des marques qui laiſſent préſumer qu'on a cherché cette mine auſſi dans D'autres endroits de l'Isle. **) Les galleries faites à

 force

*) *Cum id rarum auditu habet Aethalia, tum quod foſſae unde metalla ſunt eruta, rurſum tractu temporis implentur. Strabon Geograph. Lib.* 5.

**) Il eſt donc bien vrai que les anciens Romains ont ſû travailler la mine de fer; c'eſt ce dont a douté Mr. Wallerius dans ſa Mineral. T. II. pag. 231. Edit. de Vienne.

force de burins, qu'on voit encore dans la montagne de fer de Rio *) font croire qu'on y a travaillé avant l'invention de la poudre à canon. Mais quoique on doive y avoir exploité une quantité infinie de cette mine, la richesse actuelle de la montagne ne laisse pas néamoins douter qu'elle n'en fournira encore pendant plusieurs siecles. La mine de fer de Rio fournit aujourdhui la Corse, la Republique de Genes, environ quatre fourneaux de la Toscane, les trois fourneaux du Prince de Piombino qui sont à la Felonica,. les fourneaux de Palo et de Nettuno dans l'état ecclésiastique, et les fourneaux d'Amalfi dans le royaume de Naples. On en vend annuellément environ 1250. quintaux chaque quintal à 33,333½. livres de Sienne et on en paye 50. Scudi **) Les navires approchent assez de terre pour communiquer par un pont, et la mine se charge aux frais de l'acheteur à bras d'hommes. Il y a

près

*) Voyez les observations citées de Mr. Pini page 59.

**) Un Scudo fait deux florins et 6. Kreuzer monnoye de l'Empire.

près de cent familles qui vivent de ce petit transport, et on assure, que la vente de cette mine rapporte au Prince de Piombiuo 50000. scudi par an.

Il est probable, qu'on a fondu anciennement les mines de fer dans l'isle même, car ils se trouvent encore dans quelques endroits de l'isle des amas de scories de fer, mais qu'on a dû discontinuer à cause de la disette de bois.*) Et c'est aussi par cette raison qu'on n'y fond pas la mine actuellement.

La mine de fer de Rio ne donne pas tant de fer fondu, qu'on pourroit croire à l'égard de la splendeur métallique et de sa pesanteur. On ne tire communément en fer fondu que la moitié du poids de la mine, ou quelques libres de plus. Mr. *Sage* n'a aussi tiré que cinquante

*) *Optime a Populonio solvunt tres illas insulas perituri, quas et nos vidimus Populonio conscenso, et metalla quedam ibi locorum deserta: vidimus etiam qui ferrum ex Aethalia allatum eleborarent. Non enim ea in insula fornacibus liquari potest, sed statim atque effossum est in continentem perfertur.* Strabon Geograph. lib. 5.

quante livres de fer d'uctile D'un quintal de mines. Voyez sa Minéralogie Tome II. p. 175. Cette mine produit un fer très doux et on le met en parallèle avec les meilleurs fers de l'Europe. Cependant la Suede fournit encore du fer à L'italie. Je n'ai pas eu L'occasion de voir comment on traite la mine de l'Isle d'Elbe dans les différents fourneaux de L'Italie, mais Mr. *Du Coudray* nous apprend par les memoires sur les Forges Catalanes comparées avec les Forges à hauts-fourneaux Paris 1775. que L'on extrait en Corse et dans les états de Genes le fer de cette mine sans la fondre dans les hauts fourneaux; qu'elle se fond dans l'aire du forgeron après y avoir subi un grillage, et qu'elle est malléable dès la premiere fonte. Il faut que la maniere dont on traite cette mine de fer dans les fourneaux en Toscane soit susceptible de beaucoup de perfection car Mr. le Docteur *Zuccagni* à Florence à présenté au Grand Duc un memoire, dans lequel il a proposé des ameillicorations, et Mr. *Ferber* a aussi observé que les Italiens ne savent ni fondre ni travailler le fer comme il faut. *)

Je

*) Lettres sur l'Italie page 442.

Je finirai cette longue lettre apres avoir encore ajouté, que le ſentiment de Mr. *Ferber* me ſemble avoir peu de probabilité croyant, que les Mines de fer de Rio ont communication avec les mines de fer de la Toſcane. Premierement les mines de fer de Rio ne me ſemblent pas ſuivre cette direction, de plus le canal de Piombino eſt trop profond et les mines d'Italie, et principalement les mines de fer vont ici comme presque par tout très peu avant de la terre et ſurtout les mines de fer de la Toſcane ne reſſemblent pas à celles de Rio, mais celles là ſont de l'Hematite rouge.

Dans me lettre ſuivante je Vous communiquerai Monſieur le Comte, mes obſervations botaniques.

QUA-

QUATRIEMO LETTRE.

L'Isle d'Elbe n'eſt pas riche en plantes, car ſes montagnes ſont communément depourvues de terre végétale, il y a là peu de plaines et ſeulement une très petite rivière. *) Cependant j'y ai trouvé pluſieurs plantes que je n'y aurois pas cherchées, et qui prouvent que le climat de l'Isle eſt plus doux que celui de la Toſcane ſous la même latitude, quoique l'Isle ſoit beaucoup rafraichie par les vents. Si j'avois été en différentes ſaiſons dans l'Isle, j'aurois pû augmenter ce catalogue, car il y avoit beau-

*) Cette rivière prend ſa ſource dans la montagne ſur le talus de laquelle Rio eſt ſitué. Mais toute petite qu'elle eſt, elle met pourtant 17 moulins en mouvement, qui ſont peu diſtants l'un de l'autre, en raſſemblant l'eau dans des reſervoirs. Ces moulins ſont fort ſimples et ſont mis en action par une roue qui ſe tourne horizontalement. Les meules dont on s'y ſert, et qu'on fait venir de Genes ſont une eſpèce de pouddingue formé de morceaux de pierres calcaires de ſable et de quarz.

beaucoup de plantes qui avoient deja defleuri lorsque j'y étois. Je les ai rangées felon le Syfteme de Mr. de *Linné*.

I. Monandrie.

Salicornia herbacea. Au bord du baffin de Portoferrajo.

— fruticofa. Ibid.

II. Diandrie.

Jasminum fruticans. Sur le Giove.

Liguftrum vulgare. Entre les haies.

Olea europaea. (*Olivo* des Italiens) En plufieurs endroits de l'Isle mais principalement près de Marciana.

Olea fylveftris (*Oleaftro*) Cette varieté vient proprement de foi même, car l'autre (la fativa de Bauhin) a pourtant befoin de la culture, que nous donnons aux arbres plantés aux pommiers, aux cerifiers &c. Ses fruits mûrisfent dans le mois d'Octobre et de Novembre.

Veronica officinalis.

— fpicata.

— Beccabunga. Rio.

Ver-

Verbena officinalis. Aux marges des chemins.

Rosmarinus officinalis. (*Rosmarino*) Cet arbrisseau est si commun sur les collines et sur les montagnes que les habitans l'employent pour bruler au foyer.

Salvia officinalis. Sur le Giove &c.

— pratensis.

— clandestina.

Anthoxantum odoratum.

III. Triandrie.

Valeriana Locusta olitoria. Rio.

Schoenus aculeatus. Ala greve de Portoferrajo.

Scirpus maritimus. Ibid.

Scirpo-Cyperus palustris, radice repente nodosa inodora, panicula sparsa, capitulis maioribus. Micheli Gen. plant. p. 48. Ord. 4. nro. 2.

Nardus stricta. Dans les endroits steriles.

Phleum pratense.

Melica ciliata. Sur les murailles et dans les endroits pierreux.

Pou trivialis.

— annua.

Pou rigida.

Briza media.

— Eragroſtis.

Dactylis glomerata.

Cynoſurus echinatus.

Bromus pinnatus.

— arvenſis.

Lagunes ovatus.

Arundo phragmites. Rio.

Lolium perenne.

Hordeum murinum.

Triticum tenellum.

Pluſieurs gramens avoient deja defleuri de ſorte, que je n'ai pu les examiner.

IV. Tetrandrie.

Dipſacus fullonum.

Globularia Alypum. Capoliveri. Les feuilles de cette plante ſont très ameres et le Médecin de Capoliveri, quoi qu'il ne ſache pas le nom de cette plante, donne une poignée des feuilles en decoction pour un bon purgatif, et deux gros en poudre pour produire des vomiſſements. Elle

 fleurit

fleurit dans l'été ſur les montagnes. Comme je ne trouve pas indiquée cette plante dans aucune Matiere médicinale je m'ai propoſé de l'analyſer et d'éprouver ſes vertus médicinales.

Scabioſa arvenſis.

— columbaria.

Aſperula arvenſis.

— cynanchica.

Gallium Aparine.

— Mollugo.

Plantago media.

— maritima. A la greve de Portoferrajo.

— coronopus. Ibid. *)

— lanceolata.

Cornus maſcula.

Ilex Aquifolium.

Potamogeton criſpum. Dans la riviere de Rio.

V.

*) Radix fibroſa. Folia linearia pinnato dentata, hiſpida; Scapus nudus, teres, piloſus; ſpica cylindrica bracteis ſubulatis, acuminatis, anguſtiſſimis, pubeſcentibus. A. P. Loefflingii efflorescentia et foliis diſtinctiſſima. Floret media aeſtate.

V. Pentandrie.

Heliotropium europaeum.

Myoſotis ſcorpioides arvenſis.

Litoſpermum arvenſe.

Anchuſa officinalis.

Cynogloſſum officinale.

Echium vulgare.

— italicum. *)

Cyclamen europaeum. Sous les haies et dans tous les endroits pierreux et ombreux de l'Isle.

Anagallis arvenſis.

Campanula Traechelium.

Lonicera Caprifolium. **)

Verbascum Blattaria. Rio.

*) Caules longi, ſaepius proſtrati, ramoſi, hiſpidi. Folia nunc alterna nunc ſine ordine ſparſa ovato Canceolata, ſeſſilia, hiſpida. Efflorescentia ſpica ſecunda, longa. calycibus hyſpidis corollis caeruleis calice longioribus, ſtaminibus et piſtillo longiſſimis.

Variat interdum corolla alba uti Cl. *Reichard* etiam hoc obſervavit in Echio vulgari in nova Edit. Spec. plant. Lin. Francof. 1778. T. I.

**) Habet ſemina quatuor globoſa,

Datura Stramonium.

Hyoſciamus niger. Alla Spiaggia di Rio.

Solanum Dulcamera. Rio. Campo.

Lycium barbarum.

Jasminoides Micheli pag. 224. tab. 105. Il eſt plus frequent dans l'Italie plus meridionale nommément à la Zolfatare de Naples.

Rhamnus Zizyhus. (*Zizolo*, *Giuggiolo*) ſe trouvent en pluſieurs endroits de l'Isle.

Hedera Helix. (*Ellera.*)

Chenopodium maritimum.

Salſola Soda. Ala greve de Portoferrajo.

— altiſſima. Ibid.

Gentiana Centaureum. Rio.

Eryngium maritimum. Eſt tres frequent à la greve entre Marciana et Portoferrajo.

Daucus Carota. Campo.

Crithmum maritimum. commun à la ſpiaggia di Rio.

Anethum Foeniculum. Dans touts les lieux pierreux ſurtout ſur le Giove. Il eſt généralement tres frequent dans l'Italie meridionale.

Oenan-

Oenanthe pimpinelloides.
Pimpinella Saxifraga.
Aegopodium Podagraria.
Viburnum Tinus.
Sambucus Ebulus. Fort commun.
— nigra.
Tamarix gallica.
Statice himonium A la greve de Portoferrajo.
— cordata.
— Allione Flora Nicaeenſ. 162.
Linum uſitatiſſimum. Il y croit comme dans pluſieurs endroits d'Italie de ſoi même.

VI. Hexandrie.

Pancratium maritimum. Au rivage près de la cava di Rio. *)

*) Spata multiflora, folia lingulata ad bulbum membra alba marceſcente involuta. Gluma in duas et plures partes dehiſcens et marceſcens. Capiula ſubrotunda triquetra, trilocularis in quovis loculamento includens ſemina 6 - 8 nigra, rotundata compreſſa fungoſa nucleum album includentia. [illegible] Auguſto ad littus maris.

Asparagus acutifolius. Sur les montagnes de Rio et de Campo. *)

Agave americana. (*Aloe* des Italiens) elle se trouve en plusieurs endroits de l'Isle mais principalement à Portolongone où elle a augmenté d'un coté la force que l'art a donné à cette fortification. On prépare des feuilles de cette plante du fil blanc, splendide, comme de la soye qu'on appelle *Zappara*; on en fait des bas, des gans, des dentelles et des mouchoirs &c. qui sont plus forts que ceux de soye, mais il leur en manque la mollesse. Cependant les Siciliens qui fabriquent aussi cette Zappara savent la maniere de lui donner cette mollesse, mais ils la tiennent pour un secret et je me souviens,

*) Caulis inermis, frutescens, striatus, ramis ramulisque alternis patentibus, foliis aciformibus, rigidulis, pungentibus alternatim in fasciculis sessilibus ternis - septenis positis. Flores solitani in axillis ramonum foliorumque, petiolati non dioici uti quandoque in A. officinale observatur. Floret mense Julio et Augusto inter dumeta. Turiones manducantur uti A. officin.

viens, que Vous m'avez dit Mr. le Comte, que le Marquis *Sambuca* Vous a communiqué ce secret. On peut donner aussi à cette *Zappara* toutes les teintures que L'on veut. *Antonio Minasi* à Naples a decrit dans une lettre addressée à Mr. *de Linné* le projet d'employer les feuilles de l'Agave Americana pour en faire du papier et de la toile. Voyez Giornale d'Italia Tome VIII. p. 193.

Juncus acutus.

Rumex aquaticus.

— acetosa.

— acetosella. Rio.

Triglochin maritimum. Ala greve de Portoferrajo.

VIII. Octandrie.

Epilobium hirsutum.

— palustre.

Erica cinerea. Est commun.

Daphne Gnidium. (Garou des Francois) Est fort frequent. *)

*) Caulibus humifusis altitudine 1 – 2 pedum, foliis congestis annuis, lineari - lanceolatis, glabris, acuminatis; panicula terminali foliis cincta.

Polygonum perſicaria.

— maritimum. Au rivage de Portoferrajo.

IX. Enneandrie.

Laurus nobilis.

X. Decandrie.

Ruta graveolens. Dans les environs de Rio.

Arbutus Unedo (*Arbatro* Ital.) C'eſt une des plantes les plus frequentes de l'Isle. Les fruits, que L'on mange muriſſent dans le mois d'Octobre.

Saxifraga granulata.

Gypſophila repens.

Dianthus carthuſianorum.

— prolifer.

— monſpeſulanus.

Cucubalus Behen.

Sedum album.

— acre.

Cotyledon umbelicus Veneris tuberoſa. Sur les murailles ombreuſes.

Oxalis acetoſella. Rio.

Lychnis

cincta, floribus albis. Floret adhuc Julio et Auguſto, cum ſemina florum vere iam matureſcunt. Habitat in collibus aridis.

Lychnis divica. Portoferrajo.

Cerastium arvense.

XI. Dodecandrie.

Agrimonia Eupatorium. Rio; Portoferrajo.

Reseda Phyteuma?

XII. Icosandrie.

Cactus Opuntia. (*Fico d'India*) Est fort commun et forme souvent quasi des haies entieres comme dans le chemin de Portoferrajo à Rio. Les fruits qui sont d'une douceur degoutante murissent vers l'automne. Un Anglois venant de Minorque m'adit qu'on y donnoit ces fruits à manger aux cochons, après en avoir oté l ecorce.

Myrtus communis. (*Mordello*, *Mordina*) Myrtus communis italica de Bauhin. pin. 468. C'estun arbrisseau fort commun dans l'Isle.

Punica Granatum. Dans les environs de Rio et en plusieurs autres endroits de l'Isle.

Prunus spinosa.

— Laurocerasus.

Crataegg .oxyacantha.

Sorbus domeſtica. Rio.

Roſa canina.

Rubus fruticoſus. Eſt commun dans les haies.

Fragaria veſca. Marciana.

Potentilla reptans.

XIII. Polyandrie.

Capparis ſpinoſa. On m'a dit qu'elle croiſſe ſur certaines murailles près de Portoferrajo, mais je ne l'ai pas vûe moi même.

Ciſtus ſalcifolius.

— incanus.

— monſpelienſis. Ces troix ſortes de Ciſtus ſe trouvent presque dans tous les endroits ſteriles et pierreux de l'Isle.

Nymphaea alba.

Clematis Vitalba. Entre les haies. *)

— Flammula.

Ranunculus arvenſis.

XIV. Didynamie.

Ajuga reptans.

Teucrium chamaedrys.

— Iva. Rio.

— Scordium.

Nepeta

*) Foliis integris et varietas foliis inviſis.

Nepeta Cataria.

Lavandula Spica. Portoferrajo.

— Stoechas. Rio. *)

Mentha ſylveſtris.

— aquatica.

— Pulegium.

Glecoma hederacea.

Betonica officinalis. Rio.

Thymus vulgaris.

Meliſſa officinalis. fréquente auprès des canaux de la riviere de Rio.

Prunella vulgaris.

Euphraſea lutea.

Anthirrhinum Orontium.

Scrophularia nodoſa.

— aquatica.

*) Caulis ramoſus. Folia linearia albida, quavis pagina ſulcata, obtuſa modo ſeſſilia, modo pedunculata faſciculatim. Spicae comoſae terminales. Calyx monophyllus, remoſae terminales. Calyx monophyllus, reſupinatus, obtuſe quadrangulatus, ſtriatus, Ore quadridentato. Bractea oblonga, concava, obtuſa, nervoſa, ſeſſilis. Habitat in montoſis.

Vitex trifolia. Rio; Campo &c. *)

XV. Tetradynamie.

Myagrum perfoliatum.

Draba muralis.

Clupeola maritima. Commune à la greve de Rio.

Cochlearia officinalis.

Braſſica arvenſis.

XVI.

*) Linnaeus hanc plantam foliis digitatis *ſerratis* deſcripſit, ſed haec quam in Inſula aliquoties vidi folia habet integra. *Deſcriptio:* Caules fruteſcentes. Rami obſolete quadrangulares levi tomento obſeſſi; Folia oppoſita, digitato petiolata et quidem inferiora novem digitata ſuperiora octo ſeptem et ſex digitata, foliolis ovato lanceolatis, integris, ſuperne profunde viridibus cum linea clariori in medio, inferne autem albidis, et leviter tomentoſis. Ex axillis foliorum ſuperiorum prodeunt pedunculi effloreſcentiis verticillatis, verticillis ſuperioribus approximatis, verticillis pedicellatis, et pedicellis numeri inconſtantis aggregatim inſidunt calyces. Frutex altitudinem pedum 10 et plus attingit. Floret Julio et Auguſto in ſiccis. An varietas?

XVI. Monadelphie.

Geranium diſſectum.
— robertianum.
Althaea officinalis.
Malva rotundi folia.

XVII. Diadelphie.

Spartium patens. Dans les endroits pierreux près du Giove.
— junceum.
Geniſta ſagittalis.
— germanica.
Coronilla varia.
Trifolium Melilotus officin.
— pratenſe.
Lotus corniculatus.

XVIII. Polyadelphie.

Hypericum perfoliatum.

XIX. Syngeneſie.

Tragopogon pratenſe.
Picris hieracicides.
— echioides. Portoferrajo.
Sonchus laevis.
Leontodon Taraxacon.

Cicho-

Cichorium Intybus.

Carduus nutans.

— ſerratuloides.

— caſabonae.

Eupatorium cannabinum.

Artemiſia Abrotanum.

Erigeron viſcoſum. C'eſt presque la plante la plus commune de l'Isle. Il y en a une varieté qui reſte plus petite et qui reſſemble à l'Erigeron graveolens, cependant ce ne l'eſt pas.

— graveolens. Portoferrajo, Rio, Capoliveri.

Senecio Jacobae. Rio.

Aſter Tripolium. Auprès des marais ſalans de Portoferrajo.

Inula Haelenium. Rio et Portoferrajo.

— dyſenterica. Ibid.

Bellis perennis.

Chryſanthemum Leucanthemum.

— ſegetum. Rio.

Anthemis maritima. Portoferrajo. Anthemis maritima, perennis, foliis craſſis punctatis. Micheli gen. plant. p. 33.

Achillea Millefolium. Rio.

Matri-

Matricaria Parthenium.

Centaurea Isnardi.

XX. Gykandrie.

Arum maculàtum.

Zoſtera marina. Il eſt à preſumer qu'elle croit dans la mer de Toſcane parce que les feuilles de cette plante et la *pila marina* ſont jettés aſſez copiéuſement aux bords de l'Isle.

XXI. Monoecie.

Chara vulgaris.

Lemna minor. Dans les reſervoirs d'eau des Moulins à Rio.

Betula Alnus.

Urtica divica.

Xanthium ſpinoſum. Pres de la cava di ferro di Rio. *)

Myrio-

*) Caulis herbaceus parum tomentoſus. Folia petiolata, trifida, lacinia intermedia longior, ſupra profunde viridia, piloſa cum lineis albis verſus apicem cuiusvis laciniae, pagina inferior albida, tomentoſa. Ad axillas foliorum prodeunt ſpinae ternatae longae, petiolatae, flavae. Capſulae ovato-oblongae aculeis uncinatis tectae, bilocula-

res,

Myriophyllum ſpicatum.

Quercus Ilex. (*Leccio*) Il ſe trouve principalement ſur le Giove, où il parvient à une grandeur aſſez conſiderable. Les habitans en vendent les troncs pour la conſtruction des vaiſſeaux.

Quercus Suber. (*Sughero*) Je n'ai pas obſervé le Quercus Aegilops qui ſe trouve dans l'Ialie plus meridionale.

Fagus Caſtanea. Il eſt ſi commun pres de Marciana qu'il forme quaſi une foret.

Corylus Avellana.

Pinus Pinea. (*Pignolo*) J'ai vu ſeulement une fois cette arbre près de Rio, mais il eſt fréquent dans l'Italie plus meridionale principalement dans le royaume de Naples.

Momordica Elaterium.

XXII.

res, ſolitariae, ſeſſiles ſparſim ad axillas aculeorum et ramos. Floret Julio et Auguſto. Planta Toſcanae indigena ſecundum Dn. D. *Bartalini* V. Catalogo delle piante che naſcono ſpontaneamente intorno alla Città di Siena 1776. 4. p. 65.

XXII. Dioecie.

Differentes eſpeces de Salix.

Piſtacia Lentiſcus (*Lentiſco*) Cet arbriſſeau ſe trouve copieuſement par tout. Ses fruits mûriſſent dans le mois de Novembre. On en exprime un Sucile, mais qui ne ſert qu'à bruler. *)

Smilax aſpera. Smilax aſpera fructu rubente de Bauhin. Giove &c. Quelques Médecins d'Italie ſe ſervent de ſa racine au lieu de celle de Smilax Saſaparilla. Mais quoiqu' ils la donnent dans une doſe plus grande, elle n'a pas un auſſi bon effet que l'autre.

Smilax aſpera minus ſpinoſa fructu nigro.

Populus italica.

Juniperus Sabina.

— communis.

Ruſcus aculeatus. Giove.

XXIII. Polygamie.

Holcus lanatus.

Fra-

*) Folia quidem habet abrupte pinnata absque impari, ſed loco folii imparis interdum ſtipula linearis aut m-foliacea obſervatur.

Fraxinus Ornus. (*Ornello*) Il produit la Manne dans le mois de Juillet; mais cet arbre n'eſt pas aſſez frequent pour pouvoir en faire un commerce comme dans les états du Pape et principalement en Calabrie du Royaume de Naples.

Ficus Carica (*Fico*) C'eſt proprement un arbre planté, mais il croit auſſi de ſoi même. Il y en a de pluſieurs ſortes, qui ſe diſtinguent par les feuilles, par la grandeur, par la forme et par la ſaveur du calyx &c. Voici les noms de ces ſortes: Fico brugiotto, ſardeſe, dottato, bottaccio, neruccio-lo, bianco, ſignore, gimignano, dattero, popone, dolce, peſciatino, piſano, pellutino, corſo.

XXIV. Cryptogamie.

Equiſetum arvenſe.

Acroſtichum marantae.

Pteris aquilina.

Aſplenium Ceterach.

— Scolopendrium.

— Adianthum nigrum.

Polypodium Filix.

Polypodium vulgare.

Adianthum Capillus veneris.

La ſaiſon êtoit deja trop avancée, pour pouvoir examiner les differents Brya, Mnia, Hypna et Jungermannias.

Marchantia polymorpha.

— cruciata.

Ceratoſpermum Micheli ſur l'ecorce du Corylus avellana.

Lichen ſcriptus. Sur l'ecorce de quelques arbres ſur le mont Giove.

— geographicus. Sur les rochers de quarz du mont Giove et ſur le granit de Marciana.

— atrovirens. Ibid. Mr. *Weber* le régarde avec raiſon pour une varieté du précédent Voyez Weberi (Georgii Henrici) Spicilegium florae Goettingenſis. Gothae 1778. p. 150.

— rupicola. Ibid.

— pertuſus. Ibid. Sur le quarz de la montagne Giove C'eſt la Sphaeria pertuſa de Mr. Weber.

— fuſco ater.

— calcareus.

Lichen fagineus.

— ſaxatilis.

— parietinus.

— ſtellaris.

— ciliaris.

— furfuraceus.

— farinaveas.

— puſtulatus. Sur les montagnes de granit de Marciana.

— pyxidatus L.

Pyxidatus tuberculatus de Mr. Weiſſ. Crypt. p. 85.

— fimbriatus L.

Pyxidatus fimbriatus de Mr. Weiſſ. Crypt. pag. 89.

— rangiferinus. Sur le Giove et les montagnes de Marciana, et auſſi dans les plaines de Portoferrajo et de Campo.

— Roccella. Sur le Giove dans les fentes et cavités qui y ſont formées par les blocs detachés de quarz. Il y a quelques années que certains Anglais étant à Livourne firent venir beaucoup de ce Lichen et le payerent bien cher. C'eſtce Lichen duquel on fait en en Hollande la meilleure Orſeille. Celle qui eſt faite avec le Lichen Parellus n'eſt pas ſi bonne. (cf. le Dictionaire de Mr. *Bomare* les mots Orſeille et Parelle et Dictionaire des arts et metiers le mot Orſeille) Mr. *Ferber* a decrit la maniere comment on fait avec le Lichen Roccella le Tourneſol en pain dans une fabrique dans les environs d'Amſterdam. *) Je ſuis curieux de ſavoir ſi j'obtiendrai cette teinture en ſuivant la manipulation decrite par Mr. Ferber.

Lichen barbatus. Giove.

— floridus. Ibid.

Ulva pavonica. Sur les rochers ſous la ſurface de la mer.

— Linza.

Cónferva rivularis. Dans les reſervoirs d'eau près de Rio.

Phoenix dactylifera. Cette plante eſt près de Rio, mais c'eſt la ſeule de ce genre dans toute l'Isle. Elle n'a jamais porté des fruits.

*) Ferbers neue Beyträge zur Mineralgeſchichte verſchiedener Länder. T. I. Mietau. 1778. pag. 378.

Voici auſſi une liſte des arbres plantés que j'ai rencontré dans l'Isle.

Juglans regia. (*Nuce.*)

Amygdalus communis. (*Mandolo.*)

— perſica (*Perſica*) Il y en a quatre ſortes *Perſica Noce*, *gialla*, *ſanguigna* et *ſpiccicajuola*.

Prunus Ceraſus (*Ceraſo.*)

— armeniaca (*Aberococco.*)

Pyrus communis.

— Malus (*Malo.*)

— Cydonia (*Melacodogna.*)

Morus alba (*Moro.*)

— nigra.

Citrus medica.

— aurantium.

Thuja occidentalis.

— orientalis.

Cupreſſus ſempervirens.

CIN-

CINQUIEME LETTRE.

Quelque interresante que l'Italie soit pour un Botaniste et quelque haute consideration qu'elle merite du Mineralogiste à cause de ses Volcans cependant les animaux qui s'y trouvent ne meritent pas moins l'attention d'un Naturaliste et malgré cela la Zeologie est la partie de l'Histoire naturelle de l'Italie qui est encore la plus négligée. Nous connoissons peut être les quadrupedes, les poissons, les Zoophytes, les Conchyles et les Insectes de l'Amerique, de l'Afrique et de la Siberie beaucoup mieux que ceux de l'Italie. Vous croirez peut être Monsieur, qu'en avancant ce prologue, je veuille donner quelques eclarcissemens la dessus. Mais point du tout. Car mes connoissances sont trop bornées pour avoir pû faire la moindre observation qui fût digne de Votre attention, et c'est aussi justement la partie la plus difficile à cultiver pour un Voyageur. Je ne veux que repeter les voeux, que j'ai dû faire tant de fois en Italie sur un objet, qui ſeroit digne de l'attention d'un *Pallas*. Il eſt bien vrai que pluſieurs anciens Naturaliſtes nous ont donné des fragmens de la Zoologie De l'Italie, et que des perſonnes de beaucoups de merites travaillent à preſent çà et la à cette partie de l'Hiſtoire naturelle; mais cela va cependant très lentement, et ſi certains obſtacles ne ſe changent pas à l'avenir nous n'avons pas à eſperer ſi tôt une bonne Zoologie de L'italie.

J'oſe à peine, Monſieur, Vous indiquer ce que j'ai noté à l'égard de la Zoologie de notre Isle, car mon ſejour n'y a pas été aſſez long pour pouvoir m'appliquer avec ſoin à cette partie de l'Hiſtoire naturelle. Tout ce que je puis Vous donner ſe bornera à un ſimple Catalogue, qui en même tems ſera fort imparſait.

L'Isle d'Elbe eſt très pauvre en animaux terreſtres et ſurtout en comparaiſon de la terre ferme, car on peut bien l'imaginer, que de genres entiers d'animaux peuvent tous mourir et être facilement exſtirpé dans une Isle auſſi petite que l'Isle d'Elbe.

En

Envoici la liste:

Vespertilio murinus (*Pipistrello*, *Vispitrello.*)
Talpa europaea (*Talpa.*)
Erinaceus europaeus. (*Riccio.*)
Lepus timidus (*Lepra*)
— cuniculus (*Coniglio.*)
Mus musculus (*Sorcio*, *Topo.*)
Sciurus vulgaris (*Scajattolo.*)
Cervus Capreolus (*Capreolo.*)
Falco Palumbarius (*Falco*, *Astore.*)
Strix Ulula (*Civetta.*)
Corvus Corax (*Corvo.*)
— Cornix (*Cornecbia.*)
Cuculus canorus (*Cuculo.*)
Picus viridis (*Pichio.*)
Scolopax rusticola (*Beccacia*) elle vient des pais septentrionaux vers la mi-Octobre et reste dans l'Isle jusqu'à la fin de Decembre. Elle arrive en Sardeigne au commencement du mois de Novembre et elle en part dans le mois de Mars. *)

 Tetrao

*) Descrizione della Sardeigna auct. *Cetti* Sasari. T. III. 1774-1777. 8. Le premier Tome traite

Tetrao rufus (*Pernice*) C'eſt L'oiſeau le plus commun de la chaſſe dans l'Isle.

— coturnix. (*Coturnice Quaglia*) elle y vient dans le mois d'Octobre et elle y reſte jusqu'au mois de Mars.

Colomba Venas ſylvatica (*Colombo Salvatico*) Elle y vient dans le mois d'Octobre, elle y reſte jusqu'à la fin de Janvier, elle y revient dans le mois de Mai, mais ne s'y arrete pas long tems.

Alauda arvenſis (*Allodola, Lodola.*)

Fringilla carduelis (*Cardellino.*)

— domeſtica (*Paſſerino.*)

Motacilla Luſcinia (*Ruſignolo.*)

Hirundo ruſtica (*Rondine*) elle y vient dans le mois d'Avril elle en part dans le mois de Septembre. *)

Teſtu-

traite des quadrupedes, le ſecond des oiſeaux et le troiſieme des poiſſons et amphibies. Mr. *Cetti* Exjeſuit et Milanois de nation eſt mort depuis peu.

*) Pour prouver combien la terre ferme eſt plus riche en animaux que l'Isle d'Elbe, j'indiquerai ici les quadrupedes et les oiſeaux

Teſtudo graeca (*Teſtuggine*, *Vezzuca*) on la nourrit ſouvent dans les maiſons et on la-mange. C'eſt une tortue terreſtre qui ne vit pas dans l'eau, et qui par cette raiſon n'a pas la

ſeaux qui ſe trouvent dans le Principauté de Piombino qui n'eſt qu'a 10. milles florentins de l'Isle d'Elbe. Savoir le Cervus Elephas (*Cervo*), Ceruvus Capreolus, Lepus timidus, Sus Scrofa (*Cigniale*), Canis Vulpes (*Volpe*), Canis Lupus (*Lupo*), Muſtela Martes (*Martola*), Urſus Meles (*Taſſo*), Hyſtrix criſtata (*Iſtrice*, *Porco ſpinoſo*) Muſtela Lutra (*Lontra*) Erinaceus europaeus (*Riçcio*) – Falco palumbarius (*Aſtore*), Falco Niſus (*Sparviere*), Strix Bubo, Strix Scops (*Alochavello*, *Chirino*) Strix Ulula (*Civetta*), Lanius excubitor (*Falconello*), Corvus corax (*Corvo*), Sitta europaea (*Froſone*), Upupa Epops (*Gallo di Marzo*, *lepupa*), Anas Cygnus ferus (*Cigno*), Anas ferus (*Occha ſalvatica*), Sterna nigra (*Rondine di mare*), Ardea Grus (*Grue*), Ardea ſtellaria (*Tarabuſo*), Scolopax ruſticola, Scolopax limoſa (*Chiurlo*), Tringe Vanellus (*Fiſa*), Charadrius pluvialis (*Piviere*), Fulica atra (*Folega*), Rallus aquaticus (*Gallinella*), Tetrao Francolinus (*Francolino*), Tetra

la membrane qu'on obſerve entre les doigts, dans les tortues de l'eau. Mr. *Cetti* aſſure qu'elle eſt totalement privée de doigts et qu'on ne voit que des ongles, quoique Mr. *Linné* l'ait decrite *pedibus ſubdigitatis.* Le nombre des ongles varie auſſi beaucoup d'après Mr. *Cetti*, mais communément elle en a cinq aux pieds de devant et quatre aux pieds de derriere. Une tortue nourrie 60. ans dans une maiſon péſoit quatre livres. Elle ſe retire ſous la

Tetra perdix, Tetrao Coturnix, Alauda arvenſis, Alauda pratenſis, (*Piſpola*), Alauda Spinoletta (*Spinoletta*), Sturnus vulgaris (*Storno*), Terdus Merula (*Merlo*), Loxia chloris (*Verdone*), Emberiza citrinella (*Zigolo*), Fringilla carduelis (*Cardelino*), Fringilla Spinus (*Lucberino*), Fringilla citrina (*Raperino*), Fringilla cannabina (*Montanello*), Fringilla domeſtica (*Paſſera*), Motacilla Luſcinia (*Roſſignoulo*), Motacilla modularis (*Scopaciuola*), Motacilla Ficedula (*Beccafigo*), Motacilla Rubicola (*Pettiroſſo*), Motacilla atricapilla (*Caponero*), Motacilla triglodytes (*Regillo*), Parus pendulinus (*Pendolino*), Hirundo ruſtiea (*Rondine*), Hirundo riparia (*Baleſtruccio*).

la terre dans le mois du Novembre et elle y reſte dans un état d'aſſoupiſſement jusqu'au printems. Vers le fin du mois de Juin elle fait des oeufs blancs au nombre de quatre ou de cinq. Elle poſe ſes oeufs ſour la terre après y avoir fait un petit creux avec ſa patte, elle les laiſſe éclore par la chaleur du ſoleil. Apres les premiers pluies du mois de Septembre on en voit ſortir les jeunes tortues, de la grandeur d'une coque de noix.

Rana Bufo (*Roſpo.*)

— eſculenta. Elle ne ſe trouve pas en Sardeigne, quoique Mr. *Cetti* ſe ſoit donné toute la peine poſſible pour la trouver. Tome III. p. 36.

Lacerta agilis (*Lacerta*, *Lacertola*) Il eſt curieux que cet animal ne ſe trouve pas auſſi en Sardeigne tandis qu'il eſt ſi frequent dans toute l'Italie, et qu'au contraire la *Lacerta Seps* ſoit fort commune en Sardaigne, laquelle doit etre beaucoup moins frequente en Italie.

Les

Les habitans m'ont parlé des cinq ſortes de ſerpens qui ſe trouvent dans l'Isle, mais je n'en ai vû aucun. en Voici les noms:

1. *Vipera (Coluber Berus)?* Les habitans la craignent extremement.
2. *Aſpide (Coluber Aſpis)?* Eſt venimeux.
3. *Saettone* Il s'attache aux mamelles des vaches et des brebis et s'imbibe de leur lait, de ſorte qu'il en devient tout blanc. Il ſe defend en battent ſon enemi avec la queue.
4. *Botareccio* Il mange les crapauts &c.
5. *Topajolo (Coluber Aeſculapii)?* Il n'eſt pas venimeux il entre ſouvent dans les maiſons, et il y mange les ſouris &c.

Je continue, Monſieur, de Vous indiquer auſſi les poiſſons qui ſe trouvent autour de l'Isle d'Elbe. J'en ai vu pluſieurs moi même et quelques amis m'ont nommé les autres.

Delphinus Delphis (*Delfino.*)

Petromyzon marinus (*Lampreda.*)

Raja Torpedo (*Torpedine*) Il ſe trouve dans une grande partie de la mer mediterranée. Il n'eſt pas fort eſtimé à table.

Mira-

Miraletus (*Razza.*)

— Aquila (*Aquila, pefce Ratto.*)

— Paftinaca.

Squalus Acanthias (*Polombo fpinofo.*)

— Squatine (*Squadro, Squadra.*)

— Catulus (*Catulo, Gatto.*)

— Carcharius (*Cane carcaria.*)

— Muftelus (*Noccinolo*) *Mufola des Sardes.*

— Priftis. (*Pefce Sega.*)

Lophius pifcatorius. (*Rana pefcatrice* des Sardes) *Diavolo di Mare.*

Accipenfer Sturio (*Sturione.*)

Tetrodon Mola.

Sygnathus Acus. (*Aguglia.*)

— Hyppocampus (*Cavaletto.*)

— pelagicus. (*Ago.*)

— Ophidion.

Muraena Helena (*Murena.*)

— Ophis (*Grongo.*)

Xiphias Gladius (*Spada*) Il eft tres frequent. Mr. *Cetti* refute avec raifon l'endroit vitieux de l'Encyclopedie françoife, où L'on a avancé que ce poiffon étoit vicipare. Cetti T. III. page 95.

Urane-

Uranoſcopus ſcaber *(Peſce Prete)* **Cucu en Sardaigne.**

Trachinus Draco (*Ragno*, *Ragana.*)

Gadus Merluccius (*Naſello.*)

Blennius Pholis *(Galeetta*, *Topo.)*

Gobius Jozo (*Ghiozzo.*)

Scorpæna Porcus (*Scrofanello.*)

Zeus Faber (*Peſce di St. Pietro.*)

Pleuronectes Rhombus *(Rombo.)*

Sparus aurata (*Orata*) ***Canina*** **des Sardes.**

— Sargus (*Sarago.*)

— Melanurus *(Occhiata*, *Tonnata.*)

— Smaris *(Smaride.)*

— Maena, *Menola* **des Sardes.**

— Boops (*Boga.*)

— Salpa (*Salpa.*)

— Chromis (*Monachella.*)

— annularis (*Sarago minuto.*)

— Dentex (*Dentice.*)

— Mormyrus *(Mormiro*, *Mormillo.)*

Labrus Merula (*Merlo.*)

Sciaena Umbra (*Ombrina*, *Umbrino.)*

— cirrhoſa (*Figaro.*)

Scomber Pelamis *(Pelamita.)*

Scom-

Scomber Thynnus. (*Tonno*) *Itton* en Malthe. C'est un poiſſon paſſager duquel la pêche procure de grands avantages à l'Isle. Il vient avec le vent de l'Occident vers la fin du mois d'Avril et ſa pêche dure jusqu'à la mi-Juillet. On pêche tous les ans environ 450000 livres de ce poiſſon a Marciana et 400000 à Portoferrajo. Un ſeul ton peſe de 20 à mille livres et davantage. On le vend frais et ſalé dans une grande partie de l'Italie. Le dos de ce poiſſon ſalé s'appelle *Tonnina;* le ventre pareillement Salé porte le nom de *Sorra*; c'est la partie la plus estimée du ton il y a encore d'autres parties ſalés que l'on appelle *Moſchiamu* et *Bottargha* * Il eſt connu qu'on pêche le ton en pluſiers endroits de la mer mediterranée; mais la pêche principale eſt en Sardaig-

ne

*) On appelle *Bottargha* indifferement tous les oeufs ſales de poiſſons, quoique Mr. Linné ait indique ce nom comme une denomination propre des oeufs ſalés du Mugil Cephalus.

ne et en Sicile. Mr. *Cetti* a décrit amplement tout ce qui concerne la pêche et l'histoire du ton dans le troisieme tome de son Histoire naturelle de la Sardaigne. Voici en brex un extrait de cet article. Vers le fin du mois d'Avril le ton arrive en Sardaigne si subitement qu'il semble qu'il sorte du fond de la mer. L'opinion qui a deja été soutenue par *Pline* et par *Aristote*, savoir que le ton reste pendant l'hyver tranquille au fond de la mer, semble etre confirmée par les pêcheurs de la Sardeigne, qui ont observé en l'hyver de grandes troupes de tons quasi ensevelies au fond des Golfes profonds, et on les a aussi appellé *tonni golfani.* S'il est vrai que la mer soit plus chaude dans sa profondeur, il paroît par cette raison que le ton se retire pendant l'hyver dans le fond de la mer. Mais néamoins le ton est un poisson passager, ce qui est confirmé par l'observation, que la pêche du ton est devenue plus considerable en Sardaigne et en Sicile, depuis qu'elle a été négligée de l'année 1755 en Portugalle et en en Espagne. Le cours du ton commence plus loin que *allo ſtrato d'Ercole* et tient la direction de l'Occident à l'Orient. Plusieurs auteurs ont donné différentes raisons du paſſage du ton. D'aprés *Giovo* le ton ſe retire de la mer atlantique, par ce qu'il y eſt pourſuivi par le *Xiphias Gladius*, mais les pêcheurs n'ont jamais pû obſerver quelque hoſtilité entre ces deux poiſſons et le ton ſe tient auſſi plus vers le fond de la mer que le *Xiphias Gladius*. Des autres comme *Ariſtote* et *Pline* ont avancé, que le ton entre dans la mer noir pour y frayer, mais on a obſervé qu'il fraye dans la mer mediterranée dans le mois de Mai. Le ton mange la Clupea Encraſicolus Lin. &c. Il chemine en partie droit vers le port Euxin (car on le pêche auſſi à Tunis) mais il s'etend dans toute la mer mediterranée et côtoye l'Eſpagne, la France, l'Italie et les Isles de la mer mediterranée; L'obſervation pretendue des anciens, que le ton paſſoit dans la mer noire à la côte droite et qu'il retournoit à la côte gauche, parcequ'il voyoit

H 2 plus

plus de l'oeil droit que du gauche, est donc assez refutée par ce que le ton ne cotoye pas seulement l'Afrique mais qu'il cotaye encore la France et l'Italie. Vers la mi-Juillet le ton comencea retourner de l'Archipel. long, maigre &c. Mais malgré son mauvais air on le pêche une seconde fois en Sicile, à Pulca en Sardeigne et en Espagne. Ainsi le ton poursuivi par tout retourne à l'endroit d'ou il est venu.

Du tems *d'Aristote*, de *Strabon*, de *Pline* et *d'Aelian* il y eut une fameuse pêche du ton à Bizanze. Apres on l'a peché principalement en Sicile et en Sardaigne. Il y à present douze *tonnari* (endroits de pêche du ton) en Sardeigne, qui sont à la côte de l'occident et aux deux caps de l'Isle. La pêche du ton est sûrement très agréable pour les spectateurs, ce qui fait qu'ils se trouvent toujours des étrangers dans ces endroits pour la voir. Le succès d'une pêche heureuse dépend d'un bon Directeur (on l'appelle *Rais* en Sardaigne) qui doit connoitre tous les mouvements du ton dans son passage. Les Siciliens se sont

rendus

rendus celebres pour cet emploi, ils l'exercent aussi en Sardaigne. Le ton ne voyage pas quand la mer est calme; le vent de l'occident est le plus favorable pour sa pêche ou aussi le vent du Sud-Ouest, ou du Nord pour la Sardaigne et pour l'Isle d'Elbe, puisque le ton est detourné par ces vents de la côte de France et d'Afrique. Communément les tons ne marchent qu'à deux ou à trois ensemble; *Aelian* et *Plutarque* ont assuré que le ton marchoit en trouppes et en bataillons quarrés mais cela a l'air d'une fable. La pêche du ton dure en Sardaigne jusqu'à la moitié de Juillet. Après ce tems on n'en voit plus. On en peche annuellement en Sardaigne environs 45000; si l'on calcule donc chaque ton à un prix de troix scudi, cela fait une somme de 135000 scudi. Le Grand Duc de Toscane tire chaque année de la pêche du ton à Portoferrajo, environs 5100. scudi et le Prince de Piombino 8000 pezzi. *)

— Trachurus (*Sugherello.*)

 Mullus

*) Un pezzo fait 5. livres et 15 sols de Toscane, ou un peu plus que la moitié d'un scudo.

Mullus barbatus.

— Surmuletus (*Triglia.*)

Triglia cataphracta (*Capone*, *Forca*, *Armato.*)

— Lyra (*Capone*) *Organo* des Sardes.

— *Lucerna.*

— volitans (*Rondine.*)

Mugil Cephalus (*Muggino.*)

Exocetus volitans (*Rondine.*)

Clupea Encrasicolus (*Aceiuga.*)

Cette liste de poissons pourroit sans doute été considerablement augmentée, et il seroit à souhaiter qu'on nous donnât une bonne description de tous les poissons qui se trouvent dans la mer mediterranée, dans la mer adriatique et même dans les differents fleuves d'Italie. Un tel ouvrage seroit surement très intérressant, mais pour le rendre utile il ne faudroit pas oublier d'y joindre les synonimes, c'est ce qu'on doit reprocher à Mr. *Cetti*, à l'egard de son Histoire naturelle de la Sardaigne, car les denominations provinciales varient infiniment.

La Tarantule (*Aranaea Tarantula*) se trouve aussi dans l'Isle d'Elbe. Les habitants

la

la craignent extrêmement; mais je n'ai pû m'informer des histoires décisives à l'egard des malheurs qu'elle doit causer par sa morsure. Je n'ai pas vû de quelle espece est L'araignée que les habitans appellent *Tarantella?*

Il y a aussi des *Scorpions italiens* dans l'Isle; mais il faut, qu'ils ne soient pas encore venimeux sous ce climat, car ils devroient occasionner beaucoups de malheurs, parce qu'ils ne se trouvent pas rarément dans les lits. Je les ai deja observes à Milan.

Cancer Cursor.

— Pinnotheres.

— Pagurus. *)

 Cancer

*) Le Pere *Minasi* à Naples a écrit un traitè intéressant sur cette espece d'écrevice et qui contient surtout de nouvelles observations sur les conduits auditifs de cet animal. Dans la Dissertazione su dé timpanetti dell' udito scoverti nel Granchio Paguro e sulla bizarra di lui vita. Napoli 1775. 8. Voici en abregé la description qu'il donne de cette espece d'ecrivice: Voyez p. 134.

Thorax plano quadratus, laevis, integer, utrimque obtuse novemplicatus, in centro tantum binis cavis punctis notatus.

Ru-

Cancer cruentatus.
— Bernhardus.
— Gammarus.
— Homarus.
— Locuſta.

Sepia

Roſtrum, ſeu potius frons, breviſſime emarginata intra diſtantes oculos, qui et obliqui et pedicillati.

Sub qua tentacula, ſeu antennae duo breviſſimae, articulatae, plicatiles et bifidae. Quibus ſubſunt tympana auditus duo, antennis breviora, oblique mobilia, orificio membrana obducto.

Os pulpis, dupiicique tegmine coopertum, cuius ſuperiori parti ineſt utrinque duplex meatus ſeu ſpiracula branchiarum.

Brachia pedibus longiora trigona, laevia, dextrum ſiniſtro aequale.

Carpi unidentati.

Manus ovatae laeves.

Chelae ſeu digiti, ambo introrſum dentati: inferiori blaeſo ſuperiori tantum mobili.

Pedes octo, laeves, compreſſi articulis 5, ultimis piloſis, ultimis aculeatis.

Cauda aphylla, articulis 6. ultimis latioribus. Mas eam habet trigonam cuius interne: baſi penis duplex adeſt.

Fem.

Sepia octopodia.
— officinalis.
— Loligo (*Totano.*)

Fem. ovatam cum interioribus pediculis falcatis, hirtis, vulvas binas, obtegentem.

Anatome interna: Systema nerveum e cerebro lateraliter diffunditur per intima pedum internodia, totumque cum substantia cerebri adligatur binis punctis e centro thoracis interne emergentibus. In ore *mandibula* duo, seu dentes duo laterales, ovati, albi. *Lingua* seu caruncula nulla. *Gula* post dentes admodum brevis; ita ut protinus venter os excipere videatur. *Venter* bisulcus gulae subjungitur, e cuius medio *intestinum* simplex et tenue procedit desiinitque in apicem caudae sive operculi. *Humor* intus in alveo pallidus et minuta quaedam oblonga, albida continentur. Ovaria in foemina adnectuntur duplici meatui vulvarum, ex quibus mira foecunditate transfert ova praemollia in hirtos caudae pediculos, ad speciem uvae cohaerentia, atque ita in ea ad dies 20. incubat. Testes in mari umbra naturae teguntur. Omnia haec viscera epidermide vestiuntur centro thoracis etiam affixa. Venerem norunt cancri stantes reflexis in

Asterias rubens.
— aranciaca.
— equestris.
— ophiura.
— ciliaris.
— pectinata.
— Caput medusae.
Echinus esculentus.
— mamillaris.
— spatagus.
— Placenta.

On peche la *Pinna marina* dans les environs de Portoferrajo. On nomme son Byssus ou sa soye brune *Pelo di Gnacchera*; on en fait des gans &c. Cette coquille est très frequente dans toute la mer mediterranée; on la peche sur tout copieusement dans le golphe de Naples. D'apres Mr. *Forshol* elle se trouve aussi à Smyrne, mais on n'y sait pas employer sa

terram caudis ambo inter se complexi. Nescitur an iterato tardove digressu. Hine error Plinii ajentis coeunt ore cancri. Lib. 9. sect. 75. At magis ad rem Aristoteles: Κατα προσθια αλληλων συνδυαζονται. De generatione animalium Cap. 15, pag. 535.

sa soye. Le Pere *Minasi* à Naples a fait des observations interressantes sur cette coquille et sur l'usage que l'animal fait de ce Byssus. Ces observations seront publiées probablement dans les Memoires de l'Academie qui vient d'être établie à Naples.

Je finirai cette lettre après avoir ajouté encore une liste des Zoophytes qui se trouvent autour de l'Isle d'Elbe. J'en ai ramassé une partie moi même sur les lieux et j'ai observé le reste dans deux petites collections des productions marines dans l'Isle. Je les ai rangés selon l'Elenchus Zoophytorum de Mr. *Pallas.* Hagae Comitum 1766. 8.

Eschara (lutosa) crustacea arenaceo lutrosa, poris simplicissimis subquincuncialibus Pall. pag. 37. no. 5.

Ellis Corall. Edit. allemande par Mr. *Krünix* pag. 81. no. 5. tab. 25. e.

Eschara (fascialis) lapidea lamelloso frondosa, laminis conglomeratis, utrinque poris quincuncialibus Pall. p. 42. no. 9.

Ellis Cor. p. 78. tab. 30. a, A.

Cellu-

Cellularia (salicornia) geniculata dichotoma, articulis oblongo cylindricis, cellulis undique rhombaeis Pall. pag. 61. no. 21. Variet. (3) Eschara fistulosa Lin. syst. et Flustra fistulosa Lin. Faun. Suec. II. 2234.

Sertularia (sericea) scruposa gelatinosa ramosa, ramulisque creberrimis teneris dichotomis hirsuta. Pall. p. 114.

Sertularia spinosa Lin.

Ellis Cor. pag. 24. tab. II. b. B.

Sertularia (ericoides) subramosa calyculis alternis ovatis subdenticulatis, ovariis ovatis rugosis Pall. p. 127. no. 76.

Sertularia Polyzonia et flexuosa Lin.

Ellis Cor. pag. 8. tab. 2. a, A. b, B.

Sertularia (abietina) pinnata, pinnis alternis, calyculis suboppositis, ovato tubulosis, ovariis oblongis. Pall. p. 134. no. 81.

Sertularia abietina Lin.

Ellis Cor. pag. 7. tab. 1. b. B.

Sertularia (Myriophyllum) simplex pinnata, rhachi interrupta, pinnis secundis incurvis calyculis campanulatis stipulatisque. Pall. pag. 153. no. 96.

Sertu-

Sertularia Myriophylla Lin.

Ellis Corall. pag. 17. tab. 8. a, A.

Gorgonia (Flabellum) reticulata ramis creberrimis compressis, cortice flavescente laevi poris simplicibus pag. 169. no. 103.

Gorgonia Flabellum Lin.

Ellis pag. 68. tab 26, A.

Gorgonia (verticillata) teres longa pinnata, pinnis alternis setaceis subramosis, poris corniculatis verticillatis. Pall. pag. 177. no. 109.

Gorgonia (ceratophyta) depressiuscula dichotoma, ramis adscendentibus, corticis purpurascentis poris distiche sparsis simplicibus. Pall. pag. 185. no. 117.

Gorgonia Ceratophyta Lin.

Gorgonia (Antipathes) fructicans ramosissima erecta ramis alternis divaricato ascendentibus cortice crasso laevi, poris magnis sparsis. Pall. pag. 193. no 124.

Gorgonia Antipathes Lin.

Gorgonia (Placomus) teres lignosa dichotoma cortice calyculis cylindricis coronatis. Pall. pag. 201. no. 129.

Gorgo-

Gorgonia Placomus Lin.
Ellis Cor. pag. 73 tab. 27. a.

Iſis (nobilis) continua dichotoma ſubattenuata cortice cartilagineo ſparſim papilloſo. Pall. pag. 223. no. 142.
Madrepora rubra Lin.

C'eſt aux environs de la Sardaigne, qu'on pêche la plûpart du corail rouge, dont on fait des grains, et des colliers &c. dans quelques fabriques à Livourne. Mais c'eſt à Portoferrajo où l'on fait les aſſortimens de ces coraux avant que les vaiſſeaux les transportent à Livourne.

Iſis (dichotoma) articulata filiformis dichotoma diffuſa, cortice fulvo verrucoſo.
Iſis dichotoma Lin.

Iſis (ocracea) articulata paniculato dichotoma ramoſiſſima explanata cortice hinc papilloſo.
Iſis ocracea Lin.

Millepora (frondipora) clathrata umbilicata undulato polymorpha ramulis altero latere vernecoſis poroſiſſimis. Pall. pag. 241. no. 147.
Millepora reticulata Lin.

Mille-

Millepora (retepora) reticulata umbilicata infundibuliformis crispa superiori latere pubescens porosaque. Pall. pag. 243. no. 148.

Millepora cellulosa Lin.

Ellis Cor. pag. 79. tab. 25 d. D.

Retepora Eschara marina Imperat.

Millepora (lichenoides) procumbens in plano dichotoma ramis subparralelis denticulatis supra porosis. Pall. pag. 145. no. 150.

Millepora lichenoides Lin.

La figure dans l ouvrage de Mr. Ellis citée par Mr. Pallas ne correspond pas. J ai toujours observé sur la partie inferieure ou lignée de cette espece de Millepore les petits corps qui ont la forme des certains coquilles et que Mr. Pallas a decrits dans l'endroit cité.

Millepora (lileacea) reptans laciniata poris supra transversim seriatis tubulosis. Pall. pag. 248. no. 152.

Tubularia serpens et verrucosa Lin.

Ellis pag. 81. tab. 26. E.

Mille-

Millepora (cervicornis) plana dichotoma, poris utrinque ordinatis ſcabris. Pall. pag. 252. no. 155.

Porus cervinus Imperati. pag. 820. fig. Edit. Lipſ. 1695. 4.

J'ai obſervé ſeulement cette varieté de Millepore qui eſt d'une couleur de vermillion, qui à été decrite par Mr. Marſigli Hiſt. marin. p. 144 t. 32. f. 152. 153. (Madrepora ramis compreſſis miniacea) et dont Mr. Pallas a fait mention dans l'endroit cité.

Millepora (calcarea) cruſtaceo rameſiens ſoliſſima albiſſima laevis Pall. pag. 265. no. 163.

Ellis Cor. pag. 83. tab. XXVII. c. C.

Madrepora (labyrinthica) conglomerata ſeſſilis, ſtellis anfracticoſis lamellis craſſiuſculis integris. Pall. pag. 297. no. 172.

Madrepora labyrinthoformis Lin.

Madrepora (ramea) ramoſo ſubpinnata ferruginea ſtellis terminalibus cylindraceis. Pall. p. 302. no. 176.

Madrepora ramea Linn.

Madre-

Madrepora (oculata) ramoſiſſima coaleſcens, laevis ramulis flexuoſis ſtellis ad flexuras ramorum concavis, margine ſtriatis. Pall. pag. 308. no. 179.

Madrepora (virginea) rancoſa dichotoma ſubſtriata ſtellis alternatim ſparſis prominulis. Madrepora virginea Lin.

Madrepora (caryophyllites) aggregata ſtellis diſtinctis cylindraceis turbinatis lamelloſis. Pall. pag. 313. no. 183.
Madrepora faſcicularis Lin.

Madrepora (flexuoſa) aggregata cylindris ſubramoſis linearibus ſtriatis apice truncatis ſtellatisque. Pall. p. 315. no. 184.
Madrepora flexuoſa Lin.

Madrepora (Organum) aggregata cylindris ſimplicibus anguloſis ſtellis cruſta terminalis connexis prominulis. Pall. p. 317. no. 185.

Tubipora (purpurea) ruberrima tubulis linearibus articulatis parallelis, articulis transverſa membrana connexis. Pall. pag. 339. no. 199.
Tubipora muſica Lin.

Alcyonium (palmatum) ſtipite ſimplici extremo ſubramoſo pupilloſoque. Pall. pag. 349. no. 203.

Alcyonium (Burſa) ſubgloboſum cavum viridiſſimum molle papillis creberrimis hyalinis. Pall. pag. 352. no. 206.
Alcyonium Burſa Lin.

Alcyonium (Ficus) tuberiforme pulpoſum papillis crebris ſtellatis.
Pall. 356. no. 209.

Pennatula (rubra) penniformis ovalis ſtipite tereti, rhachi ovifera, pinnis lacerodentatis. Pall. pag. 368. no. 215.
Pennatula phoſphorea Lin.

Spongia (officinalis) polymorpho compreſſa ſublobata tomentoſa porulenta.
Spongia officinalis Lin.

Spongia (Tupha) ramoſa rara mollis ramis adſcendentibus ſubacutis undique villoſo muricatis. Pall. pag. 398. no. 249.

Corallina (pavonica) foliacea frondibus proliferis reniformibus ſtriatis transverſimque faſciatis. Pall. pag. 419. no. 1.
Fucus pavonicus Lin. Syſt.

Ulva

Ulva pavonica. Lin. dans l'Edit de Mr. Murray. *) J'en ai déja fait mention entre les plantes.

Corallina (Opuntia) trichotoma articulata articulis planis reniformibus concatenatis. Pall. pag. 420. no. 2.
Corallina Opuntia Lin.

Corallina (officinalis) bipinnata articulis ovatis, ſuperioribus compreſſis, terminalibus ovato-lanceolatis planis. Pall. p. 422. no. 4.
Corallina officinalis Lin. Syſt. et Faun. ſuec.
Corallina ſquamata.

Corallina (rubens) filiformis dichotoma faſtigiata, articulis omnibus cylindricis. Pall. pag. 426. no. 7.
Corallina rubens Lin.

Corallina (Androſace) tubuloſa ſimplex pelta terminali radiata. Pall. pag. 430. no. 13.
Madrepora acetabulum Lin.

*) Je veux indiquer ici, qu'il faut ranger *l'Ulva inteſtinalis* de Mr. *Linné* entre les Zoophytes ſelon les obſervations du Pere Minaſi à Naples, *les quelles ſeront bientot publiées.*

Mr. *Maratti* a ecrit dans un traité particulier: De plantis Zoophytis et Lythophytis in mari Mediterraneo viventibus Romae 1776. 8. zoophytes de zoophites qui se trouvent dans la mer Romaine.

Testa di Pomonte
Cava Vecchia del granito
Capo S. Andrea
Capo Corallo
Torre di Campo
S. Piero
S. Lucia
Vergine Monte
Campo
la Boscelli
S. Corbone
Marciana
Capo del Piano
Torre di Marciana
Poggio
Marciana
Tonnara di Marciana
Solotto
Prochietta
Golfo di Prochio
Punta del Forno
Punta detta Penisola
Cala del Vitriccio
Reciso
Punta dell'Enfola
N.
9
10
11
12 Milles Florentins.

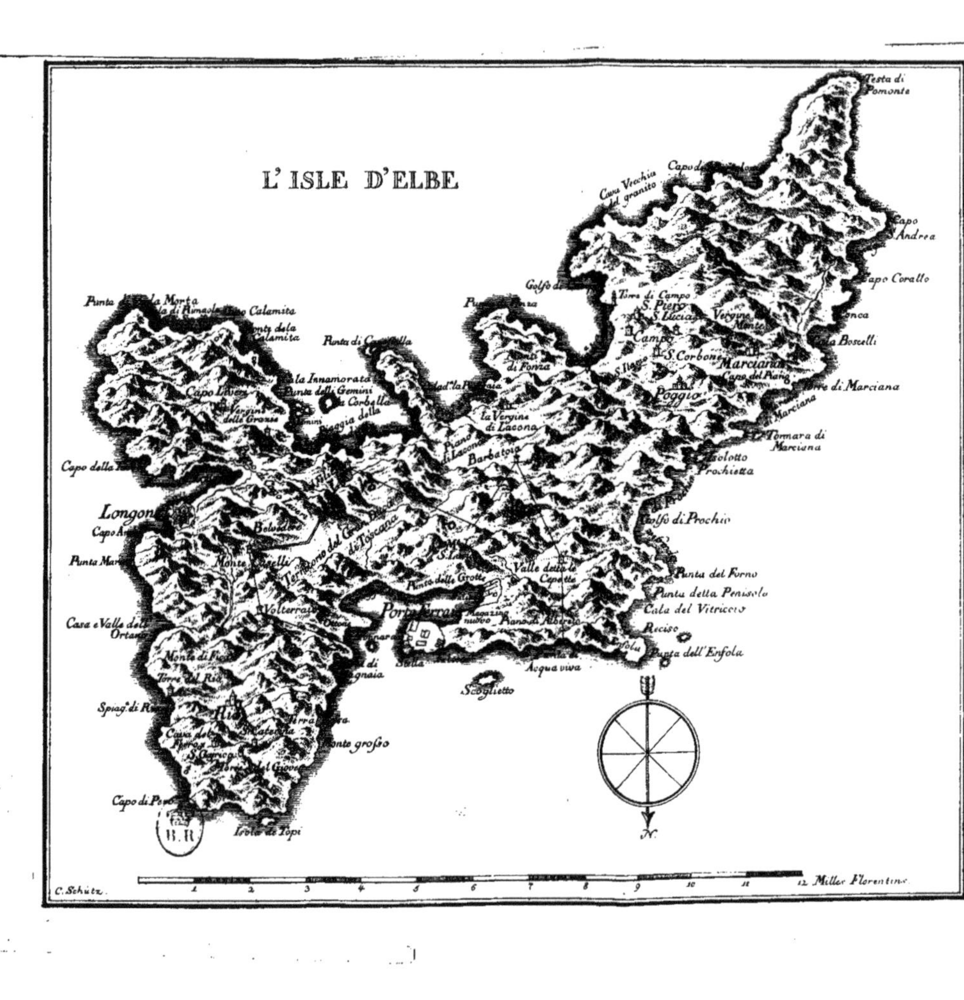
L'ISLE D'ELBE
Testa di Pomonte
Capo S. Andrea
Capo Corallo
Torre di Marciana
Tomara di Marciana
Prochietta
Golfo di Prochio
Punta del Forno
Punta della Penisola
Cala del Vitriccio
Reciso
Punta dell'Enfola
Acqua viva
Scoglietto
Porto Ferrajo
Marciana
Poggio
Campo
S. Piero
Torre di Campo
Barbatoia
la Vergine di Lacona
Valle detta le Cepatte
Golfo di
Punta di Castella
la Innamorata
Punta delli Gemini
Piaggia della
Capo Libero
Calamita
Monte della Calamita
Punta della Morta
Longone
Monte Sorelli
Volterraio
Belvedere
Terretorio del Gran Duca di Toscana
Casa e Valle dell' Ortano
Monte di Fico
Torre del Rio
Spiagg. di Rio
S. Caterina
Monte grosso
Capo di Pero
Isola de Topi
C. Schütz.
1 2 3 4 5 6 7 8 9 10 11 12 Miller Florentine
N.

Fautes principales d'impression à corriger.

Page 15. lin. 11. lisez Populonium; lin. 20. lis. de quarz; pag. 17. lin. 18. lis. la base; pag. 21. lin. 4. lis. des; lin. 10. lis. puisse; lin. 19. lis. beaucoup; pag. 22. lin. 20. lis. faire; pag. 24. not. lin. 4. lis. Wallerius; pag. 25. lin. 8. lis. s'il; lin. 9. lis. Sur; pag. 27. not. lin. 4. lis. mais; pag. 31. lin. ult. lis. fois; pag. 32. lin. 5. lis. depourvu; lin. 11. lis. parcelles; pag. 33. lin. 10. lis. a de; lin. 15. lis. copieux; pag. 34. lis. alun et que; pag. 35. lin. 4. lis. composés; pag. 36. lin. 15. lis. en une; pag. 38. lin. 5. lis. gros. J'en; not. lin. 17. lis. prismatique; pag. 41. lin. 9. lis. la même; pag. 41. lin. 3. lis. argilleux, ib. des Saxes; lin. ult. lis. Mr. de Born a fait la même; pag. 46. lin. 17. lis. merites; pag. 47. lin. 16. lis. dans le tems; lin. 19. lis. à deux; pag. 53. lin. 11. lis. Cote; pag. 54. lin. 9. lis. attenante; pag. 58. lin. 2. lis. gouttes de; lin. 5. laiteuse; lin. 9. precipita; lin. 22. j'en ai; pag. 59. lin. 6. lis. l'aimant; lin. 10. lis. mollecules; lin. 11. dissoluble; pag. 6[illegible]. lin. 13. lis. quantité; lin. 14. ploite; pag. 64. lin. [illegible] lis. la. Dans la note; lin. 2. lis. pour le reste, pag. 65. lin. 5. lis. Soufre; lin. 16. beaucoup des; lin. 21. frequemment; pag. 67. lin. 5. lis. rhomboideaux; pag. 69. lin. 2. lis. foncées; lin. 8. lis. m'a; lin. 22. lis. qu'on trouve; lin. 23. lis. loup en longues; lin. 24. lis. n'en ai; pag. 70. lin. 1[illegible] liſ. trouvé; lin. 15. liſ. je ne l'ai pu; lin. 17. liſ. Cette; pag. 72. lin. 6. liſ. la mine; lin. 9. liſ. precedent; pag. 73. lin. 2. liſ. en régardent; lin. 13. liſ. reculés, ſi ce fut; pag. 74. lin. 4. liſ. quoiqu'on dans les notes; lin. 3. liſ. conſcenſu, quaedam; lin. 4. liſ. vidimus; lin. 5. liſ. elaborarent; pag. 76. lin. 1. liſ. ductile; lin. 22. liſ. ameilliorations; pag. 77. lin. 14. liſ. Dans ma; pag. 78. liſ. Quatrieme; pag. 8. lin. penultim. liſ. Poa; pag. 81. lin. 1. liſ. Poa; lin. 8. liſ. Lagurus; pag. 83. lin. in notis 3. Ovato-lanceolata; lin. 5. liſ. hispidis; pag. 84. lin. 18. liſ. Eſt commun; pag. 85. lin. 8. liſ. Limonium. Dans les notes lin. 2. liſ. membrana; pag. 86. dans les notes lin. 5. liſ. ſolitariis, ramorum; lin. 7. liſ. Officinali; pag. 87. lin. 5. liſ. Mr. Antonio; pag. 88. lin. dans les notes 2. veris; pag. 89. lin. 1. liſ. dioica; lin. ult. Crataegus; pag. 90. in notis liſ. inciſis; pag. 94. lin. 13. liſ. Jacobaea; pag. 97. lin. 5. liſ. Ouile; pag. 104. lin. 5. liſ. beaucoup merités; lin. 21. liſ, s'imaginer.

www.ingramcontent.com/pod-product-compliance
Ingram Content Group UK Ltd.
Pitfield, Milton Keynes, MK11 3LW, UK
UKHW020915180726
13838UKWH00002B/559